非物质文化遗产丛书

Intangible Cultural Heritage Series

北京一得阁墨汁

北京市文学艺术界联合会　组织编写

杨金凤　编著

北京出版集团
北京美术摄影出版社

图书在版编目（CIP）数据

北京一得阁墨汁 / 杨金凤编著；北京市文学艺术界
联合会组织编写. — 北京 ：北京美术摄影出版社，
2022.9
（非物质文化遗产丛书）
ISBN 978-7-5592-0551-3

Ⅰ．①北… Ⅱ．①杨… ②北… Ⅲ．①墨—制作—北
京 Ⅳ．①TS951.2

中国版本图书馆CIP数据核字（2022）第172839号

非物质文化遗产丛书
北京一得阁墨汁
BEIJING YIDEGE MOZHI

杨金凤　编著

北京市文学艺术界联合会　组织编写

出　版　北京出版集团
　　　　　北京美术摄影出版社
地　址　北京北三环中路6号
邮　编　100120
网　址　www.bph.com.cn
总发行　北京出版集团
发　行　京版北美（北京）文化艺术传媒有限公司
经　销　新华书店
印　刷　雅迪云印（天津）科技有限公司
版印次　2022年9月第1版第1次印刷
开　本　787毫米×1092毫米　1/16
印　张　14.5
字　数　220千字
书　号　ISBN 978-7-5592-0551-3
定　价　68.00元
如有印装质量问题，由本社负责调换
质量监督电话　010-58572393

组织编写

北京市文学艺术界联合会

北京民间文艺家协会

序

赵 书

　　2005 年，国务院向各省、自治区、直辖市人民政府，国务院各部委、各直属机构发出了《关于加强文化遗产保护的通知》，第一次提出"文化遗产包括物质文化遗产和非物质文化遗产"的概念，明确指出："非物质文化遗产是指各种以非物质形态存在的与群众生活密切相关、世代相承的传统文化表现形式，包括口头传统、传统表演艺术、民俗活动和礼仪与节庆、有关自然界和宇宙的民间传统知识和实践、传统手工艺技能等，以及与上述传统文化表现形式相关的文化空间。"在"保护为主、抢救第一、合理利用、传承发展"方针的指导下，在市委、市政府的领导下，非物质文化遗产保护工作得到健康、有序的发展，名录体系逐步完善，传承人保护逐步加强，宣传展示不断强化，保护手段丰富多样，取得了显著成绩。第十一届全国人民代表大会常务委员会第十九次会议通过《中华人民共和国非物质文化遗产法》。第三条中规定"国家对非物质文化遗产采取认定、记录、建档等措施予以保存，对体现中华民族优秀传统文化，具有历史、文学、艺术、科学价值的非物质文化遗产采取传承、传播等措施予以保护"。为此，在市委宣传部、组织部的大力支持下，北京市于 2010 年开始组织编辑出版"非物质文化遗产丛书"。丛书的作者为非物质文化遗产项目传承人以及各文化单位、科研机构、大专院校对本专业有深厚造诣的著名专家、学者。这套丛书的出版赢得了良好的社会反响，其编写具有三个特点：

第一，内容真实可靠。非物质文化遗产代表作的第一要素就是项目内容的原真性。非物质文化遗产具有历史价值、文化价值、精神价值、科学价值、审美价值、和谐价值、教育价值、经济价值等多方面的价值。之所以有这么高、这么多方面的价值，都源于项目内容的真实。这些项目蕴含着我们中华民族传统文化的最深根源，保留着形成民族文化身份的原生状态以及思维方式、心理结构与审美观念等。非遗项目是从事非物质文化遗产保护事业的基层工作者，通过走乡串户实地考察获得第一手材料，并对这些田野调查来的资料进行登记造册，为全市非物质文化遗产分布情况建立档案。在此基础上，各区、县非物质文化遗产保护部门进行代表作资格的初步审定，首先由申报单位填写申报表并提供音像和相关实物佐证资料，然后经专家团科学认定，鉴别真伪，充分论证，以无记名投票方式确定向各级政府推荐的名单。各级政府召开由各相关部门组成的联席会议对推荐名单进行审批，然后进行网上公示，无不同意见后方能列入县、区、市以至国家级保护名录的非物质文化遗产代表作。丛书中各本专著所记述的内容真实可靠，较完整地反映了这些项目的产生、发展、当前生存情况，因此有极高历史认识价值。

第二，论证有理有据。非物质文化遗产代表作要有一定的学术价值，主要有三大标准：一是历史认识价值。非物质文化遗产是一定历史时期人类社会活动的产物，列入市级保护名录的项目基本上要有百年传承历史，通过这些项目我们可以具体而生动地感受到历史真实情况，是历史文化的真实存在。二是文化艺术价值。非物质文化遗产中所表现出来的审美意识和艺术创造性，反映着国家和民族的文化艺术传统和历史，体现了北京市历代人民独特的创造力，是各族人民的智慧结晶和宝贵的精神财富。三是科学技术价值。任何非物质文化遗产都是人们在当时所掌握的技术条件下创造出来的，直接反映着文物创造者认识自然、利用自然的程度，反映着当时的科学技术与生产力的发展水平。丛书通过作者有一定学术高度的论述，使读者深刻感受到非物质文化遗产所体现出来的价值更多的是一种现存性，对体现本民族、群体的文化特征具有真实的、承续的意义。

第三，图文并茂，通俗易懂，知识性与艺术性并重。丛书的作者均是非物质文化遗产传承人或某一领域中的权威、知名专家及一线工作者，他们撰写的书第一是要让本专业的人有收获；第二是要让非本专业的人看得懂，因为非物质文化遗产保护工作是国民经济和社会发展的重要组成内容，是公众事业。文艺是民族精神的火烛，非物质文化遗产保护工作是文化大发展、大繁荣的基础工程，越是在大发展、大变动的时代，越要坚守我们共同的精神家园，维护我们的民族文化基因，不能忘了回家的路。为了提高广大群众对非物质文化遗产保护工作重要性的认识，这套丛书对各个非遗项目在文化上的独特性、技能上的高超性、发展中的传承性、传播中的流变性、功能上的实用性、形式上的综合性、心理上的民族性、审美上的地域性进行了学术方面的分析，也注重艺术描写。这套丛书既保证了在理论上的高度、学术分析上的深度，同时也充分考虑到广大读者的愉悦性。丛书对非遗项目代表人物的传奇人生，各位传承人在继承先辈遗产时所做出的努力进行了记述，增加了丛书的艺术欣赏价值。非物质文化遗产保护人民性很强，专业性也很强，要达到在发展中保护，在保护中发展的目的，还要取决于全社会文化觉悟的提高，取决于广大人民群众对非物质文化遗产保护重要性的认识。

编写"非物质文化遗产丛书"的目的，就是为了让广大人民了解中华民族的非物质文化遗产，热爱中华民族的非物质文化遗产，增强全社会的文化遗产保护、传承意识，激发我们的文化创新精神。同时，对于把中华文明推向世界，向全世界展示中华优秀文化和促进中外文化交流均具有积极的推动作用。希望本套图书能得到广大读者的喜爱。

2012 年 2 月 27 日

杨金凤

　　谢崧岱研制出了墨汁，并开设了我国第一家墨汁店，即后来享誉中外的中华老字号一得阁，为中国文化的发展做出了巨大的贡献。

　　谢崧岱能研制出墨汁有其厚重的家族传统文化背景，其祖父和父亲的名字都刻在北京国子监清代进士题名录碑上，他曾任国子监典籍多年，这样的官家背景和文化身份在其他非物质文化遗产项目上是极为少见的。过去的史料中，遗漏了对一得阁墨汁经营人谢崧梁的研究和记载，本书增添了这一史料。

　　北京一得阁，自清代创立以来，经历了100多年的历史，以墨汁名扬天下，产品遍及海内外。

　　"一得阁"创始人谢崧岱能够把一得阁墨汁店这样一个民族手工业设店于京城文化项目云集的琉璃厂古文化街，他的远见卓识令人钦佩。

　　民国时期，北平政府极力提倡发展民族工业，以举办展览、演讲等方式唤醒国人发展民族工业的意识。如北平市社会局局长雷嗣尚在《北平市手工艺品展览会弁言》中说道："北平手工业久著令誉，近年感受世界经济不振之影响，产销方面，渐呈衰落，研究改进，实不容缓，本年五月间中央举办全国手工艺品展览会，本市征集出品约六千件，业于三月十五日起，在北平前门箭楼举行初展十日，审定精良出品一千八百余件，运京展览，本市手工艺品，经此一番提倡，于前途发展，自有相当成效……"此审定的一千八百余件手工艺品中包括一得阁墨汁。

民国期间，不仅国内各省市的商家纷纷开设墨汁厂，外籍人士也纷纷在我国设厂，其中相当一部分人是在琉璃厂、崇文门、前门等京城地域开设的厂铺。笔者查阅当时的资料发现，相当一段时期，注册文具厂商标的外籍商人竟然占我国注册人的三分之二，其中包括日本、英国、法国、美国等十几个国家和地区的外籍人士。

于是，在1915年的一则北京市政府公告中《提倡国货当有名实先后缓急轻重巨细真伪优劣之别》一文中对国货与洋货进行了比较，提出洋纸一经煤烟容易脆等问题，呼吁国人使用国货，不要只看国外货物的装潢华美和价格便宜，要比较国货和洋货的质量。

一得阁墨汁店正是在错综复杂的历史背景下生存下来的。1925年，一得阁第二代传承人徐洁滨以头像做商标，广示天下，这与洋货及国货的较量亦有关联。

中华人民共和国成立后，一得阁墨汁店仍不断研制开发新产品，不断打磨创新制墨工艺，加强传承，使得这一中华老字号始终与时俱进，受到广大人民群众的青睐。

溯史百余年，北京一得阁墨汁功业，不仅限于它的传统制墨技艺，更重要的是它突破了几千年来的制墨方法，实现了"破块而汁"的重大科技突破。湖南人谢崧岱，一位读书人，潜心研发了墨汁，惠及后世，拓展了悠久的中华墨文化，并亲手写下墨宝"一艺足供天下用，得法多自古人书"的楹联。他在我国民族手工业式微之时所发明的墨汁制作技艺，为民族手工业助力，带动了多省市墨汁厂的建立，带动了与之相关的容器生产，如墨汁玻璃瓶和北京铜墨盒业的发展。一得阁弘扬着中国文化，振兴着中华民族手工业，是扛鼎京城深厚历史文化的重要力量之一。

百余年浓墨醇情薪火相传，百余年制墨工匠艺脉相承，恪守技训，持从艺德，为中华民族传统手工业的生生不息而坚守！

辛丑年，甲午月于乡匏园

前言

　　有幸受北京一得阁墨业有限责任公司委托，著"非物质文化遗产丛书"之《北京一得阁墨汁》一书。通过对一得阁墨汁发明、发展历史的追溯，找寻该技艺的原始脉络及传承谱系。

　　对于一项非物质文化遗产的研究和传播介绍，不可只是简单地记录技艺流程，而是要通过技艺的活态传承流续，挖掘其深厚的文化成因，更不能把作为我国认定非物质文化遗产项目重要特征的"百年以上历史"这一不可或缺的原态信息忽略掉。本书在一得阁墨汁相关史料极其稀少的情况下，本着对项目原态及历史发展负责的态度，做了大量的史料收集、整理工作，旨在为后续研究者提供前史信息，以使未来该项目能溯史有脉。故此，本书以一得阁墨汁发明人、接续人为线索，简约梳理出一得阁墨汁百年发展的过程。

　　笔者认为，研究、记录一得阁墨汁制作技艺，不应仅限于技艺本身，还应发现这一技艺在中国文化中的重要地位。笔、墨、纸、砚，被称为"文房四宝"，"墨"具有承载中华优秀历史文化精华的作用，在它的物质本体下，能产生奇幻美妙的艺术意境，这个意境的呈现是优秀的、独特的、美育的、精神化的、天人合一的。在世界美术史上具有独特表现形式和艺术价值的中国书法和中国水墨画，其呈现要诀包括对墨的使用，这在中外书籍中都可见，其中在《绘事琐言》中，对墨与书、画技法的使用上有很多记述，如"墨为五色之一，五色皆以墨为骨，故写画必用佳墨，墨不佳画亦无色泽也"，"淡墨重叠旋，旋而驭之谓之干淡。以锐笔横卧惹，惹而取之谓之皴擦"。墨，延伸到了书、画、木版印刷等艺术创作领域。

在传统的中国文化中，墨，是古代人的逸情之物，也是现代人修身养性、健康生活、艺术创作等所不可或缺的用物。"墨池秋净水痕澄，曲几焚香袖手凭""墨飞春涧石，茶衮夕铛潮"都表达了墨在"逸"文化中的意境。墨之妙，已经融入中国人的精神世界。

目录
CONTENTS

第一章

中华墨文化渊源

第一节　中华墨文化概览

第二节　一得阁制墨概述

《論墨絕句詩作法》

有篩煙法　余篩於未搜前余覺
匠別心嘗疑之故撰刻時已有紗
輕過篩則精華盡麗於紗所得惟糟粕矣
隨磨隨寫自極適用入盒已不相宜蒸
四月趙秀升侍御　時俊縱論明墨詞本
學必言問卿夫子亦以學之不講爲憂
合手者卒鮮也十年之疑至是乃解所以
用馬尾作篩光滑不沾過篩雖似較勝究
膠時細心爲之得免過篩爲妙
粟桐松始信墨經語透宗竟被
清濃

十

人类文明进程中，文字的产生，是极为重要的标志之一，在文字运用中，又必须借助书写的工具，墨便是其一。

第一节

中华墨文化概览

一、我国制墨历史发展

笔、墨、纸、砚，在我国被称为"文房四宝"，墨居其一。1.8万年前，北京周口店山顶洞人已经有使用红色颜料的痕迹。

夏商周时期，人们以漆为书写原料，用竹梃蘸漆书写。

◎ 国家博物馆展出墨丸（杨金凤拍摄）◎

在先秦时期，人们就已经开始用墨来书写，秦汉时期又进一步发展。秦汉时期所制墨原料，主要取自松树烧成烟后的炭黑。主要是因为松枝的油脂含量较高，适宜提取其中的炭黑，以燃烟制墨。先秦和汉代的墨在材质形态上有所不同，先秦时期的墨多呈粉末状，西汉初期的墨多为小颗粒、圆片状，虽然在墨粉的基础上制作技艺有了提升，但还没有掌握墨锭制作技艺。制作墨锭需要"和胶"技术，工艺较为复杂。直到西汉中期才开始流行墨锭。墨锭的硬度和体积大于墨丸，但制作难度大，所以此时的墨锭多以薄片和丸状为主，以至北魏时期，制墨技术上仍然有"宁小勿大"的说法。汉代时，皇家以墨为赏赐品，甚至安排了专员管理。《续汉书》："中宫令主御墨。"是说中宫令负责皇帝的用墨，并称："尚书令、仆射、丞相、郎官，每月赐给隃麋大墨一枚、小墨一枚。"《东宫故事》记载："皇太子初拜，给香墨四丸。"

笔者曾在中国国家博物馆的展览中看到过西汉墨丸。古人在书写时首先会将墨丸加水研为墨汁，然后再用毛笔蘸墨汁进行书写。

三国时期我国已经有和胶的墨。"三国时期，制墨之术更行精进，已知和胶之法。故三国时，皇象论墨已有多胶黝黑之说矣。魏晋之时，墨之制造益精，社会之用墨者亦日多，而石墨渐渐被淘汰，逐致无人使用……"[1]

盛唐时期，制墨技艺得到朝廷以及文人学士的极大重视，制墨名家相继出现。"唐之匠氏惟闻祖敏。其后有易水奚鼐、奚鼎、鼐之子超，鼎之子起。易水又有张遇、陆赟。江南则歙州李超，超之子廷圭、廷宽，廷圭之子承浩，廷宽之子承晏，承晏之子文用，文用之子惟处、惟一、惟益、仲宣，皆其世家也。歙州又有耿仁、耿遂，遂之子文政、文寿，而耿德、耿盛，皆其世家也。宣州则盛臣道、盛通、盛真、盛舟、盛信、盛浩。又有柴珣、柴承务、朱君德。兖州则陈朗，朗弟远，远之子惟进、惟迫。近世则京师潘谷、歙州张谷。"

我国历史上著名的南唐制墨名家李廷珪，原名奚廷圭，祖籍易州，即现在的河北易县，唐代末年迁往歙州，他深得南唐后主李煜的赏识，被任命为墨务官。古墨制作皆用松烟，南唐李廷珪开始兼用桐油，此法被后人学用，到了元、明时期松烟制墨少存。

北宋宣和三年（1121年），"徽墨"诞生了，其墨锭常常被用作贡品上奉皇家。

宋代出现油烟制墨，加上当时我国的书法艺术十分繁荣，墨更受到重视。不仅仅是书写所用，一些人开始收藏清玩。"墨之精妙逐至登峰造极。""宋时之墨已至尽善尽美境地，足以辅助大书家、大画家至垂名千古。宋人名迹之能流传于今日者，名墨之功不可掩也。"[2]

北京一得阁墨汁

从宋代开始，有了专门论述制墨工艺、讲述墨文化的书，如制墨名人李孝美所撰《墨谱法式》从图、式、法3个层面详细展示了古代墨文化。晁说之所著《晁氏墨经》将制墨锭的过程分成松、煤、胶、罗、和、捣、丸、药、印、样、荫、事治、研、色、声、轻重、新故、养蓄、时、工20个步骤进行讲解。

晁说之还将各地适宜制墨的松和其不同的特性做了归纳：制墨所用松在晋代用九江庐山之松，唐代用易州、潞州之松，后唐用宣州黄山、歙州黟山松、罗山之松，李超家族用宣歙之松类易水之松。"自昔东山之松，色泽肥腻，性质沉重，品惟上上，然今不复有……根干肥大、脂出若珠者曰脂松，品惟上中……无膏油者而类杏者曰杏松，品惟下中；其出沥青之余者曰脂片松，品惟下下。其降此外，不足品第。"

烧煤烟的窑和烧制方法直接影响到墨的质量，晁说之言："凡墨有穿眼者谓之渗眼。煤杂，窑病也。"他对烧松所用窑也做了介绍："古用立窑，高丈余，其灶宽腹小口，不出突于灶面，覆之五斗瓮，又益以五瓮，大小为差。穴底相乘，亦视大小为差。每层泥涂惟密，约瓮中煤厚住火，以鸡羽扫取之，或为五品，或为三品，二品不取最先一器。今用卧窑，叠石累矿，取冈岭高下、形势向背，而或长百尺，深五尺，脊高三尺，口大一尺，小项八尺；大项四十尺，胡口二尺，身五十尺。胡口亦曰咽口，口身之末曰头。每以松三枝或五枝徐爇之，五枝以上，烟暴煤粗……"

制墨时，胶是必不可少的原料，熬胶和加胶的比例、方法是墨工技艺重点："有上等煤而胶不如法，墨亦不佳。如得胶法，虽次煤能成善墨。胶有好、次，《考工记》言：鹿胶青白，马胶赤白，牛胶火赤，鼠胶黑，鱼胶饵，犀胶黄，莫先于鹿胶。"故魏（卫）夫人曰：'墨取庐山松烟，代郡鹿胶。'"熬制鹿胶要取鹿的蜕角，"断如寸，去皮，及赤解，以河水渍七昼夜，又一昼夜煎之，将成以少牛胶投之，加以龙麝"。比鹿胶次之的是牛胶。但"胶不可单用，或以牛胶、鱼胶、阿胶参和之。充人旧以十月煎胶，十一月造墨"。得到松烧成的煤后，以细绢进行筛罗后进行和煤，"当在静密小室内，不可通风。倾胶于煤中央良久，使自流，然后众力急和之"。墨工和煤后，进行杵，古代制墨之法中说要在铁臼里捣三万杵，杵多益善。这是一道劳动强度非常大的工序，北京一得阁所藏的清代杵，十几斤重，三万杵不仅需要技巧，还需要体力。杵好的材料"出臼纳净器内，用纸封幕，熳火养之。纸上作数穴以通气。火不可间断，为其畏寒。然不可暴，暴则潼溶，谓之热粘，不堪制作"。和煤胶杵后，墨工将其制作成丸状，旧时墨丸可作为药使用，其中有珍珠、麝香二物。"魏贾思勰用梣木、鸡白、真珠、麝香四物。唐王君德用醋、石榴皮、水犀角屑、胆矾三物，王又法，用梣木皮、皂角、胆矾、马鞭草四物。李廷珪用藤黄、犀角、真珠、巴豆等十二物。"通过观察光和色判断墨的优劣，"紫光为上，黑光次之，青光又次之，白光为下"。

元代制墨基本延续宋代制墨技艺，采用了漆烟活黍烟盒松煤，并开始使用兰烟、棉烟，墨的成色黑润、气味馨香。

明代，制墨技艺进一步发展。有《方氏墨谱》一书集墨艺、书、画等中国优秀艺术于一体，绘制了385式不同器形的墨锭纹饰，该书由明代画师丁云鹏绘图，徽州府歙县人方于鲁主持撰制而成。

◎《方氏墨谱》明万历十六年方氏美荫堂刊本.1588 ◎

清代，我国的制墨技艺更为精湛，由于康熙、乾隆都善书画，所以御制墨的要求更高，达到了"精绝千古"的地步，清代宫廷文化对"文房四宝"的提倡也对一得阁墨汁的创制起到了促成作用。"清代宫廷文房用具品类丰富，笔、墨、纸、砚以及文房陈设器具，形式多样。其制作来源广泛，有一些是出自内廷制作，还有一些是来自于地方进贡或按内廷样式交由地方……清代内廷设有'墨作''砚作'，专门负责御用墨盒砚品制作。"[3]

清代宫廷用墨为"墨作"制作的御用黑墨盒朱墨，康熙时期以内廷书斋命名墨品。乾隆四十年（1775年）重装所制的博古墨，以四十种墨式组合而成，"这些博古墨除本色黑墨外，还制作由格式彩墨或漱金墨以及在墨品纹饰上描金或彩绘，极具皇家品位"[4]。

清代，清廷还制定了《内务府墨作则例》，此外地方贡墨也成为一种风尚。

清代徽墨有四大家（曹素功、汪节庵、汪近圣、胡开文）。其中，首推曹素功，有"天下之墨推歙州，歙州之墨推曹氏"的美誉。

曹素功清康熙年间返乡制墨，精心钻研墨锭炼烟、熔胶、制墨、

乾隆朝地方官员贡墨一览：

纪年	时间	官职	进贡官员	贡墨／数量	案中进单
一七八九	乾隆五十四年十二月初七日	福建巡抚	徐嗣曾	徽墨一百锭	〇〇三九
一七八九	乾隆五十四年闰五月五日	浙江巡抚	觉罗琅玕	朱墨一百锭	〇〇三六
一七八七	乾隆五十二年四月二十六日	浙江巡抚	觉罗琅玕	万年红朱锭一百锭	〇〇四〇
一七七七	乾隆四十二年八月初一日	漕运总督	德保	徽墨一百锭	〇〇三三
一七七二	乾隆三十七年十二月	浙江巡抚	三宝	万年红朱锭一百锭	〇一〇五
一七七〇	乾隆三十五年四月二十五日	浙江巡抚	富勒浑	万年红朱锭一百锭	〇〇六八
一七六八	乾隆三十三年十二月	安徽巡抚	冯钤	朱锭墨五十锭	〇〇四一
一七六五	乾隆三十年十二月	安徽巡抚	赫升额	朝贡墨宝五百锭	〇〇三二
一七六〇	乾隆二十五年十二月	江宁织造	高晋	棋盘四屏朱砂墨九方	〇一〇一
一七五九	乾隆二十四年二月二十八日	江宁织造	托庸	光辉五彩墨四匣	〇一〇一
一七五七	乾隆二十三年七月初六日	安徽巡抚	托庸	太平无象墨四屉	〇〇四〇
一七五五	乾隆二十一年七月初六日	漕运总督	寄宝	云龙朱锭一匣	〇一〇五
一七五二	乾隆十六年十二月	两江盐政兼织造	明宝	朱砂龙光红朱十锭 日月光龙朱六锭	〇〇四〇
一七四七	乾隆十六年十二月	两淮盐政织造	吉庆	徽墨五十锭	〇〇五〇
一七四五	乾隆十五年十二月	两江总督	黄廷桂	万年红锭二匣 徽墨一匣	〇一〇五

◎　清代地方贡墨资料　◎

翻晾、描金、墨模之法，制成的墨"黑如漆、纹如犀、声如磬"。2011年，曹素功墨锭制作技艺入选第三批国家级非物质文化遗产代表性项目名录。

汪节庵所制墨锭在故宫博物院有收藏，其古泉墨被视为珍品，由于当时盛行研究和考证古钱，故制墨家也纷纷追此文化风尚，以古泉为形制制墨锭，汪节庵所制墨品一组十锭，装入木盒，成为套装，盒子面阴部填蓝楷书"仿古泉式"，下注"汪节庵监制"，字体略小。盒内贴衬龟背锦，做凹槽，墨嵌其中，排列有序，每墨一式，纹饰有仿战国、新莽时期的古泉形。

汪近圣撰有《汪氏鉴古斋墨薮》一书。此书内容十分丰富，不仅收录所制墨的墨谱，还有相当一部分是御制诗所制墨样。除此外，此书还收录诸多对其所制墨的墨赞，可见其在当时所制墨得到社会各类人士的广泛赞誉。

胡开文属徽墨"休宁派"，休宁派创始人之一的汪中山是明代嘉靖、天启间著名的墨工，安徽休宁人。"胡开文"为墨的品牌，不是人名，为胡天注在清乾隆三十年（1765年）创始。胡开文在北京琉璃厂设

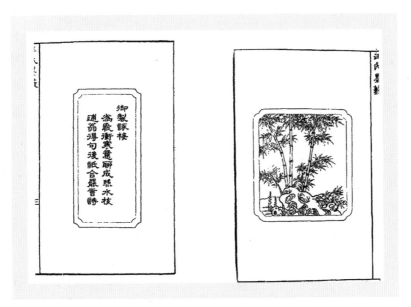

◎《汪氏鉴古斋墨薮》◎

有店铺，与一得阁交往颇深，曾为一得阁做过保人。"御园图集锦墨"是胡开文的代表性作品之一，一墨一景，集锦的六十四锭墨图案包括故宫、北海、中南海、圆明园等，其中二十九锭是"圆明园景御制墨"，是依照乾隆末年到嘉庆初年圆明园的实景雕刻而成，具有珍贵的历史价值。其生产的套墨还有"四库文阁""民生在勤""西湖十景""无老图""万年红"等，成为地方官员贡品进献给光绪朝廷，特别是胡开文采用名贵中药制成的"八宝五胆"药墨，名赫历史至今，具有"清热解毒、镇静安神"等功效。著名的"地球墨"在1915年美国旧金山举行的"太平洋万国巴拿马博览会"上获得金奖。

洪良品在为《论墨绝句》所作序中，将我国制墨的历史做了简要的梳理："'墨者，晦也。'《真诰》云：'墨，阴象也。'上古无墨，点漆而书。中古以石磨汁，谓之石墨。至后汉，应劭《汉官仪》云：'尚书令、仆、丞（按：此处脱"郎"字），月赐隃糜大墨一枚，小墨一枚。'嗣是魏晋间始有螺子墨丸，乃以漆烟、松煤为之者，是为造墨之权舆。逮至唐末，易水李超以墨名家，其子廷珪继之，世为墨务官，然而法罕传焉，故世但知宝其墨而莫稽其制。自宋以来，晁氏则有《墨经》始辩光色，冀公则有《墨法》乃论制配。沿至于明，程君房有《墨苑》十二卷，方于鲁有《墨谱》六卷，大率角胜于形制之间，而于墨法实未有闻。惟我朝曹素功以《墨林》擅名，扫方、程至轨辙而墨列十八品，要皆有资于实用。余忆少时得其墨名'千足光'者，磨之其香触鼻，隐然紫烟浮于水面，及干则笔上著绀绿毫，此犹非其绝品也；若其'紫玉光''青麟髓'诸墨，余尝见先辈所书，遥睇之，色如远山之黛，翠霭幂然而黯黮也，近瞩之烂烂如小儿目睛，光黝然而映人也。其墨之精且妙如此，自丧乱后无复有（此处疑脱'有'字）存焉者矣，名虽是而制已非矣。"

二、历史上我国制墨的原料及技术

墨锭和墨汁所用原料主要是由碳质和胶两者调和而成。碳质古用松烟、油烟，现多用炭黑。胶主要用皮胶、骨胶。此外还要加香料、防腐剂等原料。

（一）烟灸

1. 烧烟建立窑

制作松烟墨以老松为佳，含树脂丰富。烧烟首先需要建造窑，唐代采用的是立窑，立窑由五个大小不同形状的土器堆垒，高丈余，各层用泥封固，底部开设火口。在窑中烧松枝后，各层土器的内壁就会附着上烟灸，最上边质地细而轻，为精品；最下边的质地粗而重。

2. 烧烟建卧式窑

宋代以后多采用卧式窑烧松烟。卧式窑以石块垒成，长约百尺，前有火口，后设烟囱。采烟则是在中间另开设的一个入口。烧松枝时在火口缓缓入料烧，以得精细的烟。但这种卧窑在明清之间是用竹架的方式，在竹架的内壁用泥涂固，此方法在宋应星所著的《天工开物》中有记载。

3. 屋内取烟

民国时期采烟工序有了进步，采烟工在室内就可完成，屋内四周砌墙，或者用竹木编成框架，把泥糊在壁的内外，入口一般二层门，以隔开外面的空气。小屋内设灶十四个或二十四个，分为两排，灶大小根据所需的烟而异。造上等烟建六寸见方的灶，中等烟八寸见方，下等烟一尺见方。灶高皆一尺为限。各个灶的上部开一个孔，孔长四寸至八寸、宽约二寸。各个灶再用有框的纸罩围起来，高约五尺五寸，但罩的前面下端要留一个六寸见方的开口，由此将松材送入灶里燃烧。松材在灶里不完全燃烧的时候，烟灸就逐渐附着在纸罩框上了，每隔两

◎ 筛烟图《墨法集要》清乾隆时期武英殿聚珍版 ◎

天，采烟工用鸡毛扫帚扫下烟。把采集的松烟放进特制的容器里，再用泥封固好，上端开若干的细孔，在高热的炉里面加热，让松烟里的挥发物质挥发干净，就得到纯净的制造墨所用的原料了。一般一天能燃烧松材六七百斤，能获得粗制的松烟二十斤至二十五斤。

桐油、清油、麻油、猪油等都可以作为制烟的原料，但猪油制成的墨有光泽而不黑，若混入桐油烟后，色即变黑。

（二）胶

制墨所用的胶，旧时上等墨用阿胶，二、三等墨用广胶，都是动物的皮胶。李时珍说："凡造诸墨，十月至二三月间用牦牛、水牛、驴皮者为上，猪、乌、骡、驼皮者次之。"

民国时期制墨所用胶的原料首推牛皮和牛骨，牛皮含胶质约30%，牛骨约25%。也有用植物胶的，如阿拉伯树胶，此外还有桃胶，即桃树树脂凝固而成的胶。

（三）香料及药料

制墨加入香料和药料是为了提高墨的品质。如宋代时制墨为了使墨块坚硬加入藤黄或卵白，为了使墨色增加光亮加猪胆或鲤鱼胆，为了改善墨色加五倍子、丹参、紫草、茜根、苏木等，为了书写后不褪色加秦皮，为了增加墨的香气加丁香、龙脑及麝香等。不同品牌的墨加入的材质也有所不同，有制造头等墨者，除烟和胶外，加入紫草、秦皮等。有头等墨加入八珍，如珍珠、马宝、牛黄、狗宝、琥珀、玛瑙、犀牛角等。五胆墨则加入熊胆、蛇胆、黑牛胆、虎胆、青鱼胆和大梅、麝香、金叶、元柏、残柏、扁柏煎水和胶制造。

制墨所用配料，不同历史时期有所不同：《齐民要术》和《墨谱法式》记载三国时期的韦诞制墨，配料为秦皮、鸡子白、珍珠、麝香。《文房四谱》记载南北朝时期的张勇配料为糯米、皂角、龙脑、麝香和秦皮末。《墨史》记载唐代的王君德配料为栌木、皂角、胆矾、马鞭草。《墨谱法式》记载南唐李廷珪制墨配方为牛角胎、皂角、栀子仁、黄蘖、秦皮、苏木、白檀、酸石榴皮、鱼胶、绿矾。也曾使用藤黄、巴豆、珍珠、犀牛角等原料。到了宋代，制墨分为古墨和油烟墨，古墨有多种配方，配料涉及紫草、酸石榴皮、秦皮、草乌头、紫草、巴豆、青黛、藤黄、龙脑、皂角、牛角胎、藿香、甘松、五倍子、颖青、绿矾等。宋代的油烟墨涉及的配料有秦皮、巴豆、栀子仁、零陵香、黄蘗、甘松香、酸石榴皮、紫草、青黛、皂角、草乌头、糯米、龙脑、麝香、诃梨勒、胡桃、青皮、金箔、当归、苏合油等原料。《墨海》记载明代制墨配方中涉及的原料有苏木、黄连、海桐皮、杏仁、紫草、檀香、栀子、白芷、木鳖子仁、猪胆汁、龙脑、麝香、大黄、良姜、甘松、细辛、丁香、藿香、零陵香、排草、丹皮、秦皮、巴豆、黄蘗、栀子仁、皂角等。《南学制墨札记》记载清代一得阁墨汁制墨配料为苏木、巴豆、米酒等。清代《内务府墨作则例》规定的制墨配料中涉及紫草、生漆、白檀香、零陵香、冰片、麝香、糯米酒、广胶、排草、熊胆、猪胆、麝香。

（四）墨的制造

墨的制作方法直接关系到墨的质量。

制造出好墨的条件，一是要有独巧的制墨方法，二是要选用相应的原料，在我国历史上，宋代制墨技艺十分严格。不过自古以来，制墨家们对秘制墨的技艺方法绝少流传，稍微详细一些的则是《齐民要术》一书。古人制墨块，将醇烟捣讫，用细绢筛到缸里，筛去杂物。由于烟非常轻，不宜在露天地方筛，不然烟会飞掉，这是特别要注意的技艺环节。选墨一斤，用好胶五两浸于梣皮汁中，梣用江南樊鸡木皮，皮如水绿色，解胶，易于黑色。也可以加鸡子白去黄五颗，珍珠一两，麝香一两，其他制墨细节都没有问题后，调铁臼中，宁可刚不宜泽，之后捣三万杵，杵数越多越好。和墨也是有季节要求的，不得过二月、九月；如果温度高了会败臭，太寒冷了则难干。明代郎瑛所著《七修类稿》言："原墨一料，用珍珠三两，玉屑一两，捣万杵而成；故久而刚坚不坏，用必先以水浸磨处，否则必损砚也。"

一得阁制墨概述

　　"一得阁墨汁制作技艺"，2007年进入第二批北京市级非物质文化遗产代表性项目名录。2014年进入第四批国家级非物质文化遗产代表性项目名录项目序号为1339，项目编号为Ⅷ−225，所属地区为北京市，类别为传统技艺，申报地区为北京市西城区，保护单位为北京一得阁墨业有限责任公司。

　　一得阁墨汁，被中华人民共和国商务部认定为"中华老字号"；被北京老字号协会认定为"北京老字号"。2014年入选国家级非物质文化遗产代表性项目名录。

　　中国制墨的形态从早期的墨粉、墨丸，发展到墨锭，经历了很长时间，其间墨块技艺的发展时间最长。汉代以前的墨为人工捏丸状，东汉以后，随着制墨业的发展，墨锭开始流行。从东汉到清代1000多年的历史，一代代墨工都在制作墨锭，一辈辈人也都在使用墨锭，直到清代，

◎ 市级非物质文化遗产 ◎

◎ 国家级非物质文化遗产代表性项目 ◎

谢崧岱研制出墨汁，改变了几千年中国历史上墨的形态。即用墨汁是我国继墨锭之后的重要发明，这项发明免去人们书写时的磨墨之繁。

谢崧岱说，他研制出墨汁，"得法全自古人书"。

一得阁制墨所加入的香料和药料自清代至今一直延续，坚持古法，谢崧岱研制出墨汁后，又著述了相关的书籍，详细介绍墨汁的制作方法，并毫无保留地传授给他人，很快我国出现了一批墨汁制造作坊，使墨汁的使用得到普及，促进了我国制墨技艺的发展。

注　释

[1][2] 赵汝珍编述：《古玩指南》，中国书店1993年版。

[3][4] 赵丽红：《走进御书房·清代宫廷文房用具》，《紫禁城》2014年12月号。

一得阁发展概况

學製墨訣記 序

入煙第一

製膠第二 附煎膠法 用藥法

去滓第三 附漉油法 用煙草法

入渣第四

收餅第五

入盒第六

成條第七 附編墨包

成條第八

日南學製墨訣記雖熏煙小道然於實事求是之眼將數年所歷試者詳其原委

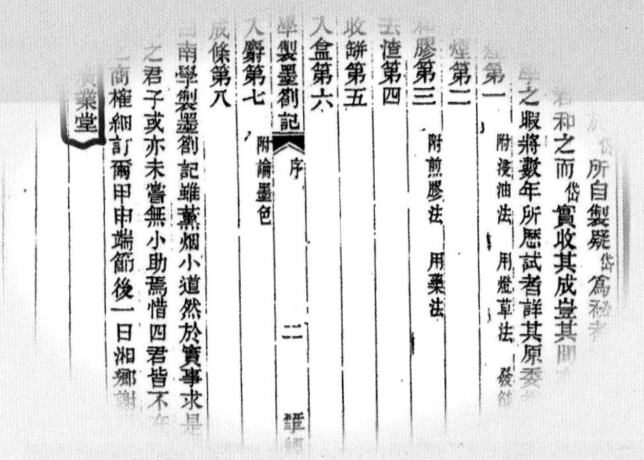

一得阁墨汁技艺的发展主要经历了3个历史阶段，一是一得阁墨汁发明、设店时期，二是清末、民国京师扩厂及全国各地开店时期，三是中华人民共和国成立后至今。其发展变化不仅有厂址、规模的变化，也有配料、生产工具、销售等的变化。

第一节

一得阁的创制

一、墨汁创始人谢崧岱家族社会背景

谢崧岱能发明墨汁制作技艺，与其所处家族的经济、文化、社会背景有着密切关系。

谢崧岱家族祖上在湘乡之地颇有名望，其祖上在清代为官，并著书、印书、修志等，足显一个文化深厚的大族群的智慧与勤勉。按照谢氏宗谱的排序，谢崧岱高祖谢再先、曾祖谢振复、祖父谢兴宗、父亲谢宝镠，对谢崧岱产生直接影响的则是他的祖父谢兴宗和父亲谢宝镠。

（一）谢兴宗

谢崧岱祖父谢兴宗（谢振复第三子）湖南湘乡人，生于清乾隆四十六年（1781年），卒于道光二十九年（1849年），字裕世，号兰轩，别号可亭，清道光二年（1822年）进士，历任萧山、缙云、义乌、

◎ 道光二年谢兴宗中第三甲同进士 ◎

金华知县，卓有政声，与妻彭氏育有三子三女。

《道光实录》卷之三十三，"引见新科进士"记载，谢兴宗等进士"俱著交吏部掣签。分发各省以知县即用。额外主事梁恩照著以六部主事即行选用。余著归班铨选"。

谢家与曾国藩家族关系很好，谢兴宗与曾国藩同朝为官。

（二）谢宝镠

谢宝镠（1822—1876年），又名谢宽仁，字叔度，又字栗夫，谢兴宗第三子，湘乡人。《明清进士题名碑索引录》记载，谢宝镠湖南湘阴，清咸丰十年（1860年）二甲59名。早年入左宗棠幕府，曾任户部主事，后转员外郎。配妻李氏，继妻龚氏，有六子六女，长子谢崧岱为"一得阁"创始人。《湖南古旧地方文献书目》之社会政治人物中记载有《曾国藩剿捻实录》《曾国藩与海军》及左宗棠、蔡锷等湖南历史名人，其中有《湘乡谢栗夫先生乡贤录》为周先质等撰，民国湘乡咸通石印局石印本1册。

谢宝镠曾经与曾国藩、左宗棠有交集。娄底水利局副局长，从事红学与谢氏族谱研究的谢志明先生在《乐恺堂谢氏与湘军人物——谢宝镠与曾国藩》一文中写道："谢宝镠为涟源市金石镇常林人。为烧车御史谢振定族侄孙……4岁随父在廨所受读，17岁与兄粹斋同中秀才。清咸

◎ 咸丰十年进士，第二甲：谢宝镠 ◎

◎ 湘乡谢栗夫先生乡贤录 ◎

丰八年（1858年）中举人，十年成进士，以主事用。清同治四年（1865年）任职户部福建司。"历史上，谢宝镠曾领衔上疏弹劾曾国藩，后离京，走时囊空如洗，只带有《十三经注疏》《皇清经解》等书。"他回乡后，务农、课子，博览群书，尤好经学，并潜心著述。清同治十三年（1874年），受聘主讲湘乡涟滨书院。以今文经学教授学生，门人转相传播，形成湘乡经学派源流……对于推步历法、医药、数学及艺术等，无不精心研究，并及卜筮、占候、宅基命相、阴阳五行等。著述有《治经日记》《读书管见》《阮诗注》《古文制艺、古诗试贴》《离骚评注》《撼龙经注》《葬书、铁弹子、天元五歌、元空秘旨评注》《地理辨正评》等各1卷。"

（三）谢崧岱

一得阁墨汁创始人谢崧岱的信息，网络上有各种说法，不乏讹传，能够提供史料证据的极少，笔者在本书中以所购到的民国八年（1919年）谢氏式南堂的修谱中记载谢崧岱碑文信息为准，并得以甘肃天水教育局魏三柱先生核校，应为谢崧岱确切和较为翔实的情况。

谢崧岱是谢宝镠长子。谢崧岱生于道光二十九年（1849年），光绪二十四年（1898年）逝世。谢崧岱又名谢征炽，号俾昌，一号正午，别号祐生，湖南湘乡人。清朝咸丰十年（1860年），12岁的谢崧岱从湖南来到北京，后选送太学——国子监。清光绪十六年（1891年）春，谢崧岱在国子监任典籍。其著述有《曝经杂俎》《南学书目札记》《南学制墨札记》《挚经榭诗文集》等。夫人傅由荣，傅雨岩次女，生于道光三十年（1850年），曾任县立高等女学校校长，与谢崧岱合编《南学书目札记》八卷。配妻朱氏，朱福堂之女，生于咸丰六年（1856年），卒于民国二年（1913年），与谢崧岱育有三子一女。

国子监学习期间，各种考试中研墨耽误答卷时间，如果冬天事先研好墨会上冻，夏天又容易发臭，且用墨锭还要使用研磨文具，比较烦琐，这是诱发谢崧岱研制墨汁的重要原因。

这一时期，谢崧岱主要在南学的广业堂内学习，南学六堂为国子监师生学习的主要场所。国子监简称"国学"，是清代的最高学府，在选拔、培养国子监监生及管理上具有严格的规制，是我国明清两代学校教育的专门机构，设在南京的国子监称为"南雍"或"南监"，位于北京的国子监称为"北雍"或"北监"。国子监的学生分为贡生和监生两大类。贡生和监生都要在监肄业，并由国子监的官员定期进行考核。每逢乡试之年，在国子监肄业的贡生和监生，经国子监考试录科，即可参加乡试。"清代国子监原有南学一处，雍正九年（1731年）创设，是为国子监学生学习住宿之所……太学生名为坐监肄业，率假馆散处。遇释奠、堂期、季考、月课，暂一齐集。监内旧有号房500余间，修圮不时，且资斧不给，无以宿诸生。"据孙嘉淦《请给官房疏》的记载，那时各省的拔贡云集京师，有一部分依靠教书或投亲在外居住，而大部分还是必须在监居住的，这部分有300多人。可是国子监六堂只是用来上课的地方，监内无法提供住宿和休息的处所，所以这些拔贡大多在国子监附近租住民房。恰逢国子监门外街南至方家胡同有一处闲废的官房无人居住。这处官房距离国子监不过数步之遥，旧有200余间，当时仅存142间，无论从距离上还是从面积上来讲都恰好适合当作学舍之用。于是当时已升任国子监祭酒的孙嘉淦奏请："将此官房赏给国子监衙门。

臣等即于皇上每年赏给公费银两内动支，修葺完好，令拔贡及助教人等居住其中，就近肄业。"雍正皇帝"将毗连国子监街南官房一所，赏给本监，令助教等官及肄业生等居住，是为南学。这便是南学的创设由来"。（孔庙及国子监网，登载有白雪松《试析国子监南学的历史演变》一文）并有"南学设立之后，以在国子监就读的士子群体来划分，'在学肄业者为南学，在外肄业赴学考试者为北学'。这就是说，大部分士子居住和学习都在南学这片学舍，顾名思义，因这片学舍在国子监之南。还有一部分士子在外居住学习，但考试的时候需要回到国子监去赴试，所以国子监衙署即被称为北学"。

《汉书·礼乐志》"国子者，卿大夫之子弟也"。清刘书年《刘贵阳说经残稿·国子证误》"国子者，王大子、王子、诸侯公卿大夫士之子弟，皆是"。"监"，古代称当官之人为"监子"，称官署的低级官员为监事，称国子监生员、肄业者为监生，称国子监课业考试第一名为监元，称国子监刻印的书本为监本……照规定必须贡生或荫生才有资格入监读书，所谓荫生即依靠父祖的官位而取得监生资格的官僚子弟，此种荫生亦称荫监。在清代，监生是可以用钱捐到的，这种监生，通称例监，亦称捐监。

谢崧岱在《南学制墨札记》中写道："……尔甲申端节后一日，湘郎谢崧岱识于南学广业堂。"清朝专司掌管礼仪祭祀及学校科举的机构——礼部，沿袭的是明代之制。礼部总的职掌是管理国家祀典、庆典、军礼、丧礼、接待外宾、管理学校和主持科举等事。

其中国子监也在其管理之列。国子监是顺治元年（1644年）设立，掌国学政令的机关。国子监内部机构有绳愆厅、博士厅、典簿厅、典籍厅、六堂、南学、八旗官学、算学等单位。谢崧岱所在的"广业堂"是国子监中"六堂"之一，是贡生、监生学习的地方。六堂为：率性堂、修道堂、诚心堂、正义堂、崇志堂、广业堂。六堂各有助教1人，前四堂并各有汉学正1人，后二堂各有汉学录1人，共12人，分教入学之贡生、监生。在堂肄业学生，有内班、外班之分。内班每堂25名，六堂共150名，都在国子监居住，外班每堂20名，六堂共120名，在外居住，每月赴监上课。内、外班均按其出身之不同，分别规定结业年限。

谢崧岱所提"南学"，据《光绪会典事例》卷1091载，雍正九年（1731年）"奏准，将毗连国子监街南官房一所，赏给本监，令助教等官及肄业生等居住，是为南学"。又《清史稿·职官志二》说：在学肄业者为南学，在外肄业赴学考试者为"北学"。是因新建学舍毗连国子监街南，故名为"南学"。

谢崧岱在撰写的《南学制墨札记》署名处落款为"太学肄业生谢崧岱"。

国子监肄业生有三种：第一种叫"恩荫"，是遇到皇帝加恩专门颁发恩诏允许一些职官荫子。"如文职在京四品以上官，在外三品以上官，武职二品以上官，并送一子入监读书，三年期满听候铨选……"第二种叫"特荫"，"是指在京或在外大臣，为朝廷服务出力多年，特别得到皇帝偏爱和信任的，可以荫一子入监读书，六个月期满即可听候铨选。"第三种是"难荫"，"是指因朝廷公事死亡的官员，要按在任时应升的品级加赠品级，并荫一子入监读书，六个月期满即可听候铨选。"谢崧岱为监生。当时的规定是三品以上官员的子孙为荫生，三品以下的官员为荫监生。谢崧岱父亲谢宝镠为户部员外郎从五品，故谢崧岱为荫监生。进入国子监学习，让他有条件博读古籍经典，包括制墨的各种书籍。

清光绪十六年（1891年）春，谢崧岱入职国子监任典籍，直至光绪二十四年（1898年）离开此职位。据《续修国子监志》卷十二"官师志"记载的道光十三年（1833年）始，至宣统三年（1911年）止的官师表中有其记录。官师分为：官学大臣、祭酒、司业、监丞、博士、六堂助教、八旗助教、算学助教、学正、学录、典簿、典籍、笔贴式等官职。其中"典籍厅典籍"一栏记录："谢崧岱，光绪十六年春（1891年）—光绪二十四年（1898年）；湖南湘乡县人，监生。"

典籍一职负责："掌管国子监书籍、碑石、版刻。凡御书楼书籍、题名碑及历代石刻、本监版刻和武英殿寄存版刻均归其执掌。主要负责书籍、雕版的收集、保管和借阅。光绪三十二年国子监归并学部后，分掌朝内祭器、乐器、碑刻、殿内御用宝器及一切品物。"[1]

谢崧岱在国子监任典籍期间，自是纵览经典，痴爱书籍。《祐生公墓志铭》言："……及得典籍一官，则喜甚，谓此中收藏洪富，古代帝王天禄石渠，不是过目营四壁图书，何假南面就职。后视官舍如书舍，每日阅官书约十余万言，历年多得尽窥秘籍，撷其精复正其误。于时澄览博睐之余，闻君名则慕，听其辩论则惊以服，而钜公硕学亦重绝，君相与上下其议论，君之学于是益进而名声亦日起。"谢崧岱不仅博览古书，且有雄辩之才，而"名声日起"。

《中华历史人物别集传》中亦收录有《湘乡谢栗夫先生乡贤录》。在此乡贤录中，亦记载："……其后征炽（谢崧岱）官国子监典籍，著述甚富"，谢崧岱受其祖父和父亲的影响，热衷研究经学，在其同学周兆魁为其所撰写的《祐生公墓志铭》："湖南经学甲天下，莫不推君为先河云。君既说经铿铿，肄业国子监，为王益吾祭酒所欣赏，应京兆试不售，亦不以介意，泊如也。惟性峭直，不能优容苟随，以此招忌嫉，与族众亦因事龃龉，激为意气之争，至以刚愎目之。然内行克修，入其门，兄弟怡怡，妇孺秩秩，不失雍睦古风。其自撰楹联为人传诵，皆老成忠厚之言。其厚视犹子，属望殷勤，多诱掖奖励之语。其在外遇行囊稍丰，啬己顾家，而命意则在撑持门户，兄弟同居，不欲各炊以伤亲心，又可想见君之孝友性成，为不可及也。"

谢崧岱酷爱读书，该墓志铭中说他一天就可以阅读官书十余万字，谢崧岱发明墨汁，说自己的技法多自古人说，古人制墨方法，也是谢崧岱读书的内容之一。"当君之往来白下也，尝绕道作三吴八闽之游，足迹所至，多倒屣以迎。或劝以仕进，非所好也，及得典籍一官，则喜甚，谓此中收藏洪富，古代帝王天禄石渠，不是过目营四壁图书，何假南面就职。后视官舍如书舍，每日阅官书约十余万言，历年多得尽窥秘籍，撷其精复正其误。于时澄览博睐之余，闻君名则慕，听其辩论则惊以服，而钜公硕学亦重绝，君相与上下其议论，君之学于是益进而名声亦日起。顾以居官俸薄不足赡用，君乃本书中成法神而明之，遂发现一得阁之墨汁，岁入可千金。一得阁者，谓千虑一得不假，师承自谦，实自任也。每届应试之年，俊彦毕集，购墨汁惟恐或后。以一艺而供天下名流之用，固辇毂之美谈，亦官场之韵事也。盖君学有渊源，孤情绝照，故治经能转移风气，读书能评定得失，出其绪余亦足倾动海内。君虽无他事业足震襮人耳目，而有志竟成，不屑屑然随人作计，其有传于后，无疑也。君以清光绪戊戌五月六日卒于京寓，年五十岁。"

正因为谢崧岱博览群书，才成就了他所著多类书籍："所著有《曝经杂俎》《南学书目札记》《南学制墨札记》已梓行，《肇经榭诗文集》待梓。配傅氏、副朱氏，生子三人，孙二人。君卒时傅氏经纪其丧，权厝京园，嗣乃扶榇南归，葬十五都联第厦屋后山中嘴，辛山乙向。余与君同学，知君最审，因为之志，而系以铭，使刻石而纳诸圹中。"铭曰："君命则啬，才则丰，学强而博，识敏聪。家传通德，克追踪，小试其技，移俗风，大懼世远罔，钦崇我铭，斯石垂无穷。"

《续修国子监志》卷十六"经籍志"，光绪十二年（1886年），旧藏书籍渐行散失，号召大家自愿捐送书籍。"光绪十四年（1888年）朝廷鼓励捐书，'各省举贡升监，入家有藏书，情愿捐给国子监者，由学臣代收转解，其卷数较多足称善本者，由学臣奏请赏给监属虚衔，卷数较多者，由学臣量给匾额'"。《国子监南学经籍备志光绪十五年第二次存目》，记载有谢崧岱所捐的书籍：《考信录》《论语拾遗》《孟子解》《华英字典》《英字入门》《魏书校勘记》《月令广义》《书目答问》《克虏伯骏法》《水师操练》《行军测绘》《御风要术》《防海新论》共13本书，其中《孟子解》，为宋苏辙撰，其手抄本收入《钦定四库全书》，史料记载："清光绪十年湘乡谢崧岱抄本，钦定四库全书，经部八，一卷，经部四书类。"而且谢崧岱所撰《南学制墨札记》收入《续修四库全书》。

历史上谢崧岱家族印刷过一些木版古籍。谢崧岱及谢崧梁所印书为"肇经榭谢氏刊"刊印。

谢氏家族还出资重刊了一些古人墨书，如《墨法集要》，积极传播我国古老的墨文化，在国外资本注入的大趋势下，弘扬民族工业和中华文化。

◎ 谢崧岱《南学制墨札记》《论墨绝句诗》，谢崧梁《今文房四谱》◎

　　一得阁墨汁技艺的传承没有家族传承，谢崧岱儿子谢国严，官名谢敬之，字锄飞，号如农。生于光绪五年（1879年），卒于光绪二十八年（1902年），妻傅氏，有一子二女。谢国严清代考取"军机处供事"，议叙"后选县丞"。[2]

（四）谢崧梁

　　谢崧梁为谢崧岱胞弟，跟哥哥一起从湘乡进京，并一同在国子监读过书，1919年版谢氏大宗族谱中，记载谢崧梁为"国学生"，清代所指"国学生"，也叫"太学生"，在太学读书的生员，亦是最高级的生员，学生多由省、府、州、县学生员中选拔，亦有由捐纳而就读者。

　　谢崧梁与谢崧岱同住琉璃厂，这在以往一得阁墨汁相关史料中未见记载，也极少有人关注谢崧梁，历史一直以来给世人留下了谢崧岱单枪匹马发明了墨汁的一些零散信息。鉴于本书要对一得阁创始和技艺进行真实记录，故笔者认为有必要将沉寂于历史之中的谢崧梁加以记载，其实一得阁墨汁的创始除了谢崧梁，还有谢崧岱的夫人，只因资料甚少，笔者没有足够时间进行深入的挖掘。

　　谢崧梁不仅参与了一得阁墨汁的技艺研发，而且记录了一得阁墨汁的相关器物及技艺。虽然历史上可查阅的史料不多，但从其记述的文章中可以看出他非常了解一得阁墨汁相关技艺及我国墨艺。谢崧梁是谢宝镠的第三个儿子，谢崧梁在祖谱排序名谢征娃，字崧梁，号吉晖。生于咸丰八年（1858年），卒于光绪二十二年（1896年）。谢崧梁妻为凌氏，崧梁与之育有四子二女。谢崧梁比大哥谢崧岱（1849年生）小九岁；谢崧岱辞世于1898年，谢崧梁早于谢崧岱辞世。

谢崧梁著有《今文房四谱》一书，该书由谢崧岱题辞；他还著有《六书例说》。

《今文房四谱》的题辞是谢崧岱在庚寅二月〔光绪十六年（1890年）〕所书。谢崧岱在题辞中肯定了谢崧梁读了专门的墨书，并指出谢崧梁在文字的叙述上不太洗练："读书必先分类，未读尽专门之书，纵有所得，难免古人陈言。得人之得，奚贵焉。小道且然，况大者乎!弟此作自抒心得，达所欲言，虽欠简洁，读古未多，难骤期也。心思才力，何事不可造极，小者既有实效，能移于大，仍以此法行之，何患无成，自愤，毋自惰也。"

《今文房四谱》的序依旧是朝中为官的谢崧岱熟人黄冈洪良品于光绪庚寅（1890年）仲春月撰写："近昨风尚一变，弓矢易而为枪炮，舟楫易而为轮铁。武备如是，文事奚独不然？杨守陈曰：古

◎ 谢崧梁著《今文房四谱》书影 ◎

之书汗简、裁帛、点漆，笔书刀削而已，汉魏间始有毫素楮墨，晋唐以来始有石砚，乃至于今而制又因时以递出，习用者玩而昧焉。而惟观物烛微者能洞悉其所以然，故于寻常器物之间必为之探讨其性情，穷究其

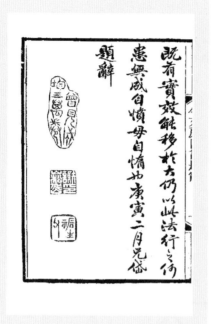

◎ 谢崧岱题辞 ◎

◎《今文房四谱》◎

功用，以期于适宜而尽制，则如谢君吉晖所著之《今文房四谱》是也。世之学书，循是以为矩契，摧陷廓清比于武事，吾知其所以成，能者功不后矣。余素不善书，而喜其利益于书家之为用大也，因乐题其编首以张之。"

二、谢崧岱创制墨汁经过

一得阁墨汁制作技艺，与其他一些非物质文化遗产项目最大的区别是创始人留下了技艺史料，一般的非物质文化遗产项目不但没有文字记录，连活态传承口述史都不完整，而谢崧岱不但是墨汁技艺的研究发明者，还是这一技艺的史料记录者。谢崧岱将所记录的内容成书，即著于清光绪十年（1884年）的《南学制墨札记》，并在社会上广泛传播，成为普及民族手工技艺的教科书和宝贵的墨史研究资料，也为当时我国民族手工业做出了贡献。

由洪良品为谢崧岱的《论墨绝句》所作的"序"可知，谢崧岱当时在国子监就职，薪水很少，制墨出售以补贴家用，洪良品也对谢崧岱制墨的缘由做了说明："物穷则变，变则必有以通之。湘乡谢君穷精洞微，思以救墨法之穷，于是向之施于砚者，今乃易之于盒；向之团为块者，今乃捣之以为汁，规之于古融其意而泥未尝泥也，酌之于今取其适宜无所弗周也。一剂合之，调窒（"窒"疑为"汁"之讹）一挥，试之利钝，罔不本格致之学，契诸心而措诸手，而且不惜以专诸己者公诸人，既已诗之，又复注之，务阐明乎墨法隐晦之意，俾之以显其用于世。呜呼，其用心不既勤矣乎，而其为功于操翰家又岂浅显哉。"

据现一得阁墨汁厂厂长魏光耀介绍，谢崧岱制墨缘起"他历经科举考试，深知考生幽闭在考棚内作文磨墨之苦，便将墨块研成墨汁销售，颇得考生欣赏。后来他又研制出直接生产墨汁的工艺，在琉璃厂开了一间带阁楼的门市和生产作坊，自产自销墨汁，店铺名号以对联形式挂在铺门，一直延续至今。"

光绪六年（1880年），谢崧岱在国子监学习，与他比屋而居的是四川刘博万，谢崧岱多次看到他在油灯上取烟，就问他们取烟何用，同学说："闻之饶君仪庭登逮，可以掺入墨盒。"谢崧岱又去问饶君，饶君说："无有师承，想当然耳，试之，不甚佳。"饶君灯上取烟的方法也没有师承，只是他自己尝试用此方法取烟以代墨用，但效果并不好。谢崧岱受到同学们的启发，开始效仿此方法，开始效果并不好，用此方法所制的墨写字时不适用。

辛巳冬（1881年），谢崧岱再次和同学一起研讨灯烟制墨的方法，这次他开始尝试使用松烟制墨，虽然松烟比灯烟得到的烟多，但谢崧岱还没有找到墨汁制作的方法："学中彭君葆初廷弼笔札自喜，每一临池，必先去胶数次。"谢崧岱进一步与彭葆初进行讨论，彭葆初说："墨品以松烟为最，细叩其法，亦不能道其详。"谢崧岱对彭葆初的说法思考后进行了尝试，发现松烟或者其松香，试后确实得烟挺多，但谢崧岱还是不知制作墨汁的方法。

谢崧岱研制墨汁的技术难点是胶的比重，他继续进行了数月的操作试验，才逐渐摸索到"和胶"轻重的配比，创制出的墨色也比较满意，工序上他虽然把墨去胶数十次，却还是不如彭、饶二位朋友。"虽知其佳，犹存烟不如墨之见，历主必掺墨汁及就墨胶之说，盖以墨值贵而烟值贱也。"墨以烟成，烟即是墨，谢崧岱取净烟试制墨汁，反复试制期间如何把墨收纳进瓶子或盒子里，他并没有找到适合的方法，其所做的墨汁也不稳定，有时候颜色比市面上卖的墨好，也有时候墨色浅，不如市面上的墨："浅深屡异，复用市墨又恶其色淡而胶笔，不得已强用之。"

从壬午（1882年）春季开始，谢崧岱："以未尝复用市墨矣，屡试屡误，屡误屡悟。"谢崧岱依旧不停反复试制，到了癸未（1883年）冬天，他才逐渐找到把墨汁收纳进瓶里或盒子里的方法，墨汁的颜色也相对稳定下来，很多人找到谢崧岱学习制墨汁方法。"遂无忽浅忽深之弊。吴君子中立亭照法制之，亦能适用。饶君亦转询于岱……"

谢崧岱研制出墨汁的消息迅速被众人所知，越来越多的人前来询问谢崧岱墨汁的制作方法，他都耐心细致地一一告之，不料问者得其方法动手自制的墨汁都稍逊于谢崧岱自制的墨汁，于是这些人怀疑谢崧岱自藏制作秘籍没有全告诉他们，为此谢崧岱还要不停解释，自己没有隐瞒制作工艺的理由。"此法倡自饶君，刘君和之，而岱实收其成，岂其间亦有数存耶。"为了系统地将制作墨汁的技法传授世人，谢崧岱利用放假的时间，将墨汁技法做了梳理和归纳，总结为制墨八法。

当时谢崧岱研制墨汁是在读书和他事之余而为。"祜生视此固为余事，然非读尽此类之书而又身历而手试之，亦不能有此数条。甚哉，著书之何可轻言也，祜生勉哉！吾愿读凡书之尽如读墨书，而确有实际以静待时会之至，自无负吾舅氏之教矣。适随漕幕有援闽之行，倚装书此，非可云序，亦借以赠别云尔。"

谢崧岱表兄蒋本鉴在《南学制墨札记》序中提及："祜生（谢崧岱）之言曰：'读书必先分类，必读尽专门之书，然后可以著笔。'"说明谢崧岱是认真研读了前人所著墨书。不过制墨技法上，谢崧岱没有完全沿袭古人之法，在技法的"入麝第七"中，他说："墨以黑为本，故于文从黑，其余皆虚，文也古无用。麝入墨之事，自宋张遇始，用麝入墨后世遂不免以此为品题，其实墨之佳否何尝在此，如欲略从时尚可于入盒时用之，亦不必太多（其实冰片等足矣，不必用麝多费而实无益）。"他提出不必非用麝香，冰片就可以了。

　　谢崧岱制作墨汁成功后，引来周围的同学及诸多朋友询其墨汁的制作方法，谢崧岱则是毫无保留地传授给大家，但他们回去制作出的墨汁总不如谢崧岱的好用，为此有人怀疑谢崧岱没有把全部技法告知，还保留有制墨的秘方没有公之于世，而且谢崧岱一直认为他制成墨汁，是"饶君刘君和之"，是大家的功劳，为此他趁着学余闲暇时，将自己制作墨汁的步骤、用料、技法等一一写下，著成《南学制墨札记》。

　　书中谢崧岱说自己所制墨汁的成功，是借鉴了前人的技术。《南学制墨札记》中，收集了明代沈继孙的《墨法集要》部分内容。沈继孙的《墨法集要》是得于他受教于墨师和一位僧人才得墨诀，该书基本是照

◎《墨法集要》浸油图 ◎

◎《墨谱法式》技法 ◎

◎ 谢崧岱著《论墨绝句》◎

着制墨的过程记录的，非常详细，所以《四库全书总目提要》称赞为："此书由浸油以至试墨，叙次详核，各有调理，班班然古法俱存，亦可谓深于兹事矣。"沈继孙之前，宋代李孝美撰有《墨谱法式》，一共三卷，"从图、式、法三个层面详细展示了古代墨文化：上卷为图，凡采松、造窑、发火等八图。……"古人对墨十分珍视，印有墨谱、墨苑、墨经等多种书籍，也出现众多制墨名家。"……明李廷珪之墨至宣和间，黄金可得而李墨不可得矣。"

　　1893年，经过十几年的制墨操作与研究提升，谢崧岱将制作墨汁技艺进行了完善，在《论墨绝句》中再次归纳了墨汁制作技艺的流程和墨汁使用方法。谢崧岱借古创新，最终研制出了一得阁的"云头艳"墨汁。

三、墨汁创制的社会影响

　　墨汁创制人如果是一位普通的民间百姓，家族又无制墨背景，其墨汁的用途和推广速度就很难预料了。谢崧岱靠祖、父辈所惠进京，又入国子监，这是重要的历史背景。谢崧岱是国子监典籍，其抄写的经纶书籍入《四库全书》，极大地提升了墨汁的应用高度。同时，谢崧岱依靠家族背景和个人努力，交识了文人雅士、社会名流和朝中官宦，对墨汁应用与推广开拓了渠道，这些人用墨汁撰写文章都对一得阁墨汁起到了肯定、赞誉、推广的作用。

鲍叔蔚是清代的著名藏家和徽商，家族中多人为官，家族与纪晓岚、刘墉、邓石如、翁方纲等交往密切，在艺术界、政界、商界都有巨大影响，《安素轩法帖》为保护我国优秀传统文化，弘扬我国的书法艺术立下了不朽功绩，后其家族将藏品捐献给故宫博物院、上海博物馆等馆藏。如此收藏家族，对书法及用墨颇有研究，因此后人鲍叔蔚能够给予一得阁墨汁高度评价，可见当时谢崧岱家族的社会关系和一得阁墨汁的社会影响力，鲍叔蔚在《云头艳记》中与谢崧岱好友相称："云头艳者，吾友谢君祐生创制墨汁之名，盖仿明初沈氏之法而变通者也，约计其妙，有三绝，有四宜焉。今所谓明墨及松烟者，无论真伪皆块墨也；此则径自成汁，和胶轻重自我为政，不洇不浸，恰到好处，一绝也。胶轻者多易落色，往往后开未竟，前已擦污；此则胶虽轻而颜不落，展擦不污，二绝也。今所谓佳墨者类，胶亮而色灰乌者，已万难得；此则色乌而闪紫光，一笔足写试卷行半或二行，万非他墨所及，三绝也。明墨宜于晴，阴则洇而浸纸，羼入时墨又宜阴，晴则浓而胶笔；此则寒暑无异，宜于天时如此。殿廷高厂，微风即尘，人踏棕垫，无风亦土，有用玻璃照（罩）者，随写随合盒者，此际分秒皆金，何能有此闲暇？此则开盒而书，沾尘不洇，且可翻底，无虑乎尘，宜于地势如此。夫不洇笔则挥写快，省涂笔则写字多，积余刻晷可用于构思，此则宜于属稿；汁无片麝，色不内渗，纵有脱讹，轻刮即去，此则宜于挖补，其宜于人事者又如此。"

以上鲍叔蔚从一得阁墨汁制作到实际使用，都做了中肯评价。鲍叔蔚说自己藏墨颇多，称赞一得阁墨汁的云头艳是历史上无有者，是空前之墨："余蓄墨颇多，如云头艳者无有也，后来者不可知，空前一话实当之而无愧。惜书法未工，有愧此汁，然余用最久，知最真，三绝、四宜皆体验而得，不得谓不深知此汁，并不得谓不善用此汁，此则差可自快者，得失虽有命，当殿廷信手如意之乐究足自豪，汁无负余，余亦何尝负汁也。"此《云头艳记》落款为"安素轩主人"，仅仅"安素轩主人"这一落款，就极高地提升了一得阁墨汁的社会影响力。

冯锡仁，字伯育，号莘垞，光绪二年（1876年）中举人，次年进士及第，授兵部给事中，加三品官衔，著多部书。新督军刘坤一保荐冯锡仁掌管前敌军总营务处。冯锡仁管理过湖南矿务三路公司，兼办西路矿务。曾任中央咨政院议员。晚年，兴办湖南西路师范学堂，亲任监督。家藏书丰富，曾修建有"十都山庄"藏书楼，是湖南省内知名藏书楼之一。

冯锡仁如此有社会影响的人物，在一得阁墨汁创制后，针对制墨技艺及盛装墨汁的器物在《侧用墨盒说》中写道："胶轻墨汁易沉底，须翻底用，不易之理。余于翻底后将盒作侧势，前高后低，以侧当底，欲浓涂下，清涂上，随心所欲，并避风日、尘土，神明于翻底者，其理易明也。"

赵诒琛是近代知名藏书家，其父辈也是很有影响的人。光绪辛丑年著《保全生命论》，辛未年著《顾千里先生年谱》，赵诒琛也研究农业，笔述美国作者所著的《农务全书》《农学理说》，笔译过英国作家所著的《无机化学教科书》《西药大成补编》等，将先进的科学种植方法和西方药学传播到中国，以上书籍均由江南制造局印刷。赵诒琛是一位博学且接受新事物的人，他把一得阁墨汁技艺及使用方法和社会名人关注文章一并辑入《艺海一勺》，成为当今研究一得阁墨汁历史的重要资料。赵诒琛还编

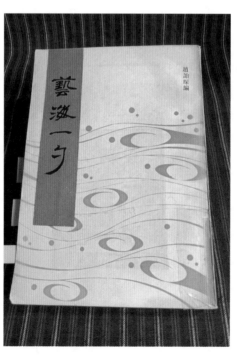

◎《艺海一勺》，赵诒琛编 ◎

了《甲戌丛编》等诸多史书，并重刊多部古籍。

赵诒琛编的《艺海一勺》一书，辑入历代书法、绘画、篆刻、画谱等艺术文章20多种，其中包括谢崧梁的《今文房四谱》和鲍叔蔚、冯锡仁评价一得阁墨汁的文章。书中也收录了他本人对一得阁墨汁的赞誉与评价，特别是谈到在清末学堂以洋笔作书，劣质墨盛行的时候，一得阁墨汁对民族手工技艺的贡献："自科举废，而纸墨笔砚遂少讲求精良者，自学堂兴而子弟皆以洋笔作书，习以为常几至不知握管者。更有异者，其家非不富润其屋也，器用什物非不精美也，然而纸只有粗劣，墨只有臭味，笔只有破败，砚只有歔石，或竟洋灰所造，其家之父兄以为斯固无用之物，或谬以为美术之品宜其子弟，（当然）但知洋货，斯文扫地，今日是矣。此《今文房四谱》一卷，湘乡谢吉晖作于光绪中叶，不论砚而论盒，亦具特识。向藏吾友王君欣甫家，持以示余，亟为付印。以告当世士人及父兄之有子弟者，庶挽颓风于万一云尔。"赵诒琛的该见解写于癸酉（1873年）十月三日，于昆山。而将谢崧梁《今文房四谱》一文推荐给赵诒琛的是历任赣榆、东台、江宁、上海等九县知县，直隶州知州，晋封荣禄大夫、加花翎四品衔的盐官人王欣甫。王欣甫学识渊博，擅书法，善画梅，尤工昆曲，是我国昆曲艺术的重要传承人之一。

四、一得阁墨汁创始年代及设店

（一）一得阁墨汁店选址及店铺名号

一得阁墨汁研制成功后，谢崧岱开始只是零散销售，后在北京琉璃厂东北园胡同44号开设了第一家生产经营墨汁的店铺。

当时，一得阁墨汁店所在的胡同里还有大德阁墨盒铺、愚得阁墨盒铺、青莲阁湖笔铺、贺莲青湖笔铺等铺面。类似的经营铺子还有位于沙土园胡同的胡开文湖笔铺，位于姚江胡同的宝文斋墨盒店、老胡开文笔墨铺，位于东南园胡同的文宝斋墨盒店。荣宝斋、商务印书馆、中华书局等则在西琉璃厂。

现任北京一得阁墨业有限责任公司总经理马静荣介绍：原来的一得

北
京
一
得
阁
墨
汁

◎ 琉璃厂东街一得阁（田淑卿摄）◎

阁生产作坊，是在东、西琉璃厂之间的开阔地带，是比较简陋的平房。谢崧岱研学、著书、经商，而且书法非常好。在墨汁试制成功后，开办了墨汁店，墨汁店坐落在东琉璃厂中部北侧，二层小楼，前有游廊，东靠东北园胡同，西依双鱼胡同。坐落于北京琉璃厂的一得阁，成为文人

◎ 马静荣介绍一得阁情况（毕鉴摄）◎

雅士、名人显赫等光顾之地。

1. 一得阁墨汁店设店于京师琉璃厂

　　谢崧岱没有将一得阁墨汁店开设在国子监学子云集之地，而是选择了琉璃厂。那为什么选择在琉璃厂开店呢？琉璃厂又是一个什么样的地方？

　　琉璃厂地处京城正阳门外西河沿南，原名海王村。因元代在此建有琉璃窑，烧制五色琉璃瓦供宫廷使用，由此得名。旧时，人们对琉璃厂的概念，除东、西琉璃厂街之外，还包括厂甸、新华街及与其相通的东西南北园等区域，是一个规模大、异常热闹的摊肆应市。

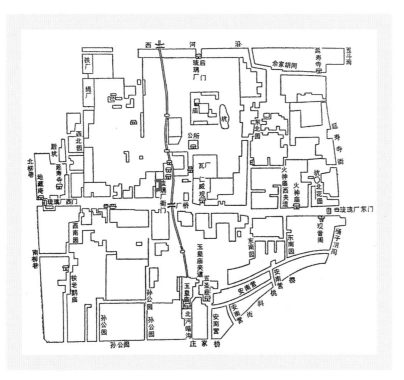

◎ 琉璃厂示意图（清乾隆年间绘本）◎

　　孙殿起[3]在《琉璃厂小志》中写道："琉璃厂，辽时京东附郭一乡村耳，元于其地建琉璃窑，始有今名。清乾隆后渐成喧市，特商贾所经营者，以书铺为最多，古玩、字画、文具、笺纸等次之，他类商品则甚少。旧时图书馆之制未行，文人有所需，无不求之厂肆。外省士子，入都应试，亦皆趋之若鹜。盖所谓琉璃厂者，已隐然为文化之中心，其地不特著闻于首都，亦且驰誉于全国也。"可见琉璃厂清乾隆后已逐渐发展成为文化街市。

"清代，每逢子、午、卯、酉之年，顺天乡试，士子麇集都门，三场试毕，多因远道，留滞辇毂，静候榜音。发榜日期，约在重阳前后……"[4]一是等开榜，一是"来京会试未中的，在此设肆""画舫书林列市齐，游人到此眼都迷。最难古董分真假，商鼎周尊任品题"。[5]

"翠珍斋"经理赵汝珍说："以前京市之古玩铺，无处无之，而尤以琉璃厂为中心。缘琉璃厂自明以来，即为出肆、纸铺、笔庄文具店之总汇集所。士大夫终日奔走于古玩商肆，显示有闲与有钱，比易启社会之疑，遭御史之参。但买书、买笔、买纸张、买文具，固无人可非议可指责也。"[6]

墨，亦属古玩之列。"凡古代遗存之宝贵珍奇均属之"，包括书画、古墨、砚、碑帖、彩墨等，一得阁墨汁自是一种适宜琉璃厂之地的文化用物。前来琉璃厂价格昂贵的古玩之地，有高官显贵和有一定文化层次的爱好者，不乏文人学者、艺术家。这里开有中华书局、直隶书局等，还有洋纸文具店和湖笔店，包括老胡开文、胡开文、戴月轩等，经

四夷馆	千佛山	萬明寺	百望山	五道廟	三座橋	半藏寺	三轉橋	三角淀	八面槽	一得閣	京師地名對【卷下】
見下四譯館注	京西觀音山瑞雲寺東山有顯光寺內有千佛閣	正陽門外元水浙庵也在香廠寺後卽虎坊橋東街	海甸青龍橋北	虎坊橋東北地爲正陽宣武二門龍脈交通之地廟有交龍碑	地安門外迤西	地安門外迤西元僧義佛駐錫之所人羡其道行故名	見前卽三座橋	京西南石景山	束安門外椿樹胡同西口外	正陽門外琉璃廠墨汁店近年最有名	

◎ 《京师地名对》中记载的一得阁墨汁店址 ◎

营的商铺鳞次栉比。

"琉璃厂既幽静，又有书肆可供游览。故寄居于此者，不乏好学之士。……乾隆时，黄丕烈尝有诗云：琉璃厂里两书淫……"[7]

由此可知，谢崧岱在琉璃厂地区开设店铺在当时是"最佳之选"。

2. 一得阁墨汁店铺号

谢崧岱可谓官宦世家，功厚博学，擅长书法。"一得阁"之名，源于谢崧岱写的一副对联："一艺足供天下用，得法多自古人书"。

"谢崧岱研制出直接生产墨汁的工艺，在琉璃厂开了一间带阁楼的门市和生产作坊，自产自销墨汁。他特意撰写了'一艺足供天下用，得法多自古人书'的对联，上下联的第一个字连起来就是'一得'，所以就以'一得阁'为店铺的名字。后来这个匾被毁坏了，现在厂里挂的'一得阁'牌匾是谢崧岱于1887年写的。另外一块'一得阁墨汁制造厂'大匾，是李展书写的，还挂在厂内，仅剩下一部分字迹，不完整了。"

（二）一得阁墨汁创制年代及设店时间考记

一得阁墨汁确切的创制年代及在琉璃厂设店情况，笔者在撰写本书

◎ 一得阁对联 ◎

中极想发掘到更多有价值的史料，只因年代久远，查阅途径匮乏，故只能将挖掘到的相关信息简略记载，以留后史参阅研究。

1. 同治年间之说

徐洁滨经营一得阁期间的1925年发布了一则“北京琉璃厂一得阁墨汁店布告”，内容如下。

北京琉璃厂一得阁墨汁店布告新制商标。诸君购货，务请认明。

本阁创造墨汁，迄今五十余年，并无分号。历传以来，纯用国内产料，不惜工资，虔心研究，费尽经营，力图改良，逐渐跻于精纯。光泽亦几臻完善，久蒙社会欢迎，士林奖誉。不但国内销路驰远，而东西各国亦购置较广。乃近有罔利小人，冒充本阁，伪造墨汁，希图渔利，以假混真，既误购主之应用，尤碍本阁之荣名。兹为国货进化，保持商权起见，依据商法，特制定本阁主人小像为商标，业经呈请农商部商标局注册备案。拟定自民国十四年夏历五月初六日起，凡本阁出售之货物均粘贴本商标，于其上希。

惠顾诸君认明商标，庶鱼目混珠不至混珠，碔砆不至乱玉矣。并派专委四处调查，尚有无耻之徒假冒本阁伪造货品，一经查觉，定行呈明农商部商标局，从严究办。为此特启。恳请垂注焉。

一得阁主人启

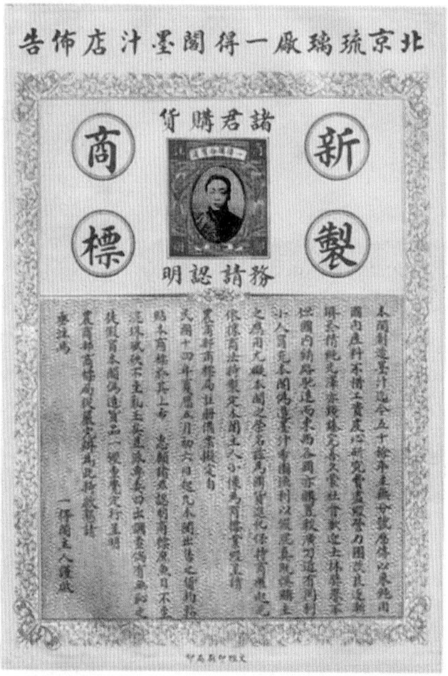
北京琉璃廠一得閣墨汁店佈告
諸君購貨
新製
商標
務請認明

◎ 1925年徐洁滨肖像商标布告 ◎

如果按照徐洁滨1925年在布告中所说的一得阁墨汁有五十多年的历史，

那一得阁墨汁创世年代或为19世纪六七十年代，即清同治年间。

2. 谢崧岱书籍记载年代

对于一得阁创始年代的史料文字记载，谢崧岱自己所发表的文字中比较具体。

（1）从"一得阁"匾额题写时间推算。

谢崧岱书写的"一得阁"牌匾，落款时间为"戊子嘉平"。"戊子"为光绪十四年（1888年），"嘉平"月为腊月。但谢崧岱写匾额的时间，并不等于墨汁研发时间，以匾额时间为研发时间是不准确的，但或可以此推断设店时间为1888年。

◎ 一得阁创始人谢崧岱亲笔题写"一得阁"牌匾 ◎

（2）《南学制墨札记》中记载的墨汁研发时间。

谢崧岱在所著的《南学制墨札记》中较为翔实地记录墨汁研制的过程及年代：庚辰秋，光绪六年（1880年），见同学灯上取烟，引发对墨的兴趣。辛巳冬，光绪七年（1881年），见同学笔札前，每一临池都要去胶数次。壬午春，光绪八年（1882年），"屡试屡误，屡误屡悟"，还在试验中。癸未冬，光绪九年（1883年），"始渐知收瓶入盒之法……"

按照此记载，谢崧岱1880年开始对制墨感兴趣，1883年研制出即用墨汁。这是否能够断定谢崧岱研制墨汁的起始时间呢？从历史背景看，也不尽然。谢崧岱12岁进京就读国子监，其间发现研墨锭占用时间，影响考试成绩，为此对考试所用的墨产生兴趣，国子监入学一般是3年，谢崧岱经过3年的学习，没有再选择继续考学，此时他是15岁，时间为1864年，如果谢崧岱就读三年和其后的一年时间研读了古人制墨之书，考察了制墨方法，尝试对墨的形态进行改进，这是有可能的。

3. 征集楹联启示中的记载

不工书者，且不解用墨，何有于制？故宋以前工书者多善制墨，善制墨者必工书，如刘宋张永、赵宋东坡其尤著者也。仆书法甚劣，而好墨成癖，尝苦市墨胶重难用，即所谓明墨者亦虚有其名。每念得古人真赝莫知之墨而用之，何如求古法而自我为之之为快也，因遍览古籍，复竭心思，身历手试，制为墨汁，今十余年矣。

甲申年，曾刻《制墨札记》备述做法，公诸同好，同学诸君效为之，亦能适用。有谓不及仆所自制，竟疑为秘者亦有之。殆法可言传，而心得之甘苦有不能尽传者欤，抑体验未至，误疑创始者必别有秘欤！戊子春，设肆厂甸，初不过游戏之举，乃渐用渐开，己丑乡会，竟至八九千两之多。其应殿试诸君用云头艳者亦数十人，如饶君士腾、魏君时钜、鲍君琪豹，均摄巍科，而刘君世安遂以第三人及第，固诸君之福命文章，即仆亦未尝不自喜一艺之差不负人，而铺运亦与有荣也。

拟即记其事，编悬一联以增光宠，乃仅得半联如右，积思多日，竟难其偶。今当博雅云集，倘荷足成下联，但令实人实事，确有证据，平仄调谐，即不啻畀我连城，固不必拘于近事、古事也。当竭绵力，奉二十金为寿以伸佩敬，倘不需阿堵，亦当以云头艳三两奉之，岂敢谓是区区足劳锦心，第非此不足以成佳话。古人写经换鹅、围棋赌墅，初何尝非游戏为之，而后人遂艳称之耶！

庚寅三月一得阁主人谨启

此征集下联的启事落款为"一得阁主人谨启"，收录在谢崧梁《今文房四谱》卷后附录三，此征联启事中非常重要的信息是对一得阁墨汁创制时间的表述："……身历手试，制为墨汁，今十余年矣。"征集对联时间是1890年，前推十几年，则为19世纪70年代左右。

◎ 一得阁对联启书影 ◎

私營大型工業企業基本情況　　（每戶一張）

企業詳細名稱	一得閣墨汁店	企業詳細地址	南新華街5號	負責人姓名	徐澤瑗
企業組織方式	獨資	總分支機構：名稱		地址	
全廠佔地面積	平方公尺	可穡鑵經地面積	平方公尺	車間面積	平方公尺
董監事會人數		在職資方及資方代理人數 2		其中熟習工程技術人數	

1953年底製造情況　　　　　錢額單位:千元

資本額	其中			金部資產	暫蔽淨值	其中:公積金	純利潤額	累次稅款	未退五反退臟
	公股	公簽股	政府代管						
740.350	—	—	—	1000.890	725.440	168.986	65.460	—	—

簡要情況的說明

1. 企业沿革：
　　該企業在光緒14年12月開業，至今無迁移。當時有營業部在琉璃廠44號，1953年因節有開支合併一起，職工人數最高是1954年33人，產量最多是1954。

2. 企业生产性质：
　　墨汁,印泥,香糊,去年大部銷售私商,有一部份售給百貨公司。

3. 產品由北京市百貨公司,大同百貨公司收購。

4. 原料購自天津私商及本市私營,目前無困紙。

5. 資方对合营态度素来不过,思想底右消極

◎ 光绪十四年十二月（1888年）开业 ◎

征联启事中有："戊子春，设肆厂甸。"戊子春，即光绪十四年（1888年）春天。一得阁在厂甸设店。谢崧岱书写的"一得阁"牌匾，时间为"戊子嘉平"，光绪十四年（1888年）腊月。而这之前，谢崧岱已经"……身历手试，制为墨汁，今十余年矣"。说明是墨汁研制成功、无店销售十几年后才改为坐商。这种无店销售墨汁的情况谢崧岱在书中也提到过。

4.《北京三百六十行》之墨汁工人起始年

齐如山在《北京三百六十行》一书"墨汁工人"条中说："此行自光绪年间始有，后颇发达。"

谢崧岱同学周兆魁所撰写的谢崧岱墓志铭中言："顾以居官俸薄不足赡用，君乃本书中成法神而明之，遂发现一得阁之墨汁，岁入可千金。一得阁者，谓千虑一得不假，师承自谦，实自任也。每届应试之年，俊彦毕集，购墨汁惟恐或后。以一艺而供天下名流之用，固辇毂之美谈，亦官场之韵事也。"谢崧岱所著《南学制墨札记》序，为其表兄所撰，其时间为甲申年（1884年），谢崧岱任国子监典籍时间是1890年至1898年，即是在《南学制墨札记》著成之后。

5. 张英勤口述

张英勤1963年开始任一得阁墨汁厂厂长，2016年虚岁九十之际，由

◎ 张英勤（一排左一）与职工 ◎

一得阁墨汁厂耿荣和录音、整理，做了口述史。

首先是关于一得阁创建时间，张英勤的口述是："一得阁创建于1865年6月6日，也就是同治四年，到今年2016年是151岁。"关于一得阁年代的说法，现健在的一得阁墨汁厂老员工说："因为老厂长（指张英勤）这么说，只有他见过徐洁滨，而只有徐洁滨见过谢崧岱，也就这么一代代传下来了。"

五、谢崧岱弟弟谢崧梁曾为一得阁墨汁店主人

之前史料没见有提到一得阁主人的信息，一得阁主人理所当然被认为是发明墨汁的谢崧岱，谢崧岱发明墨汁后在国子监任职典籍，一得阁店由何人打理，是笔者本书研考的重点。最终在王呈禧为谢崧梁撰写的《今文房四谱》跋中找到重要线索。

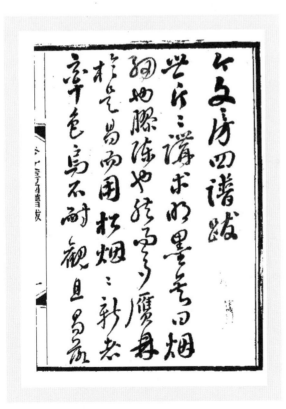

◎《今文房四谱》跋 ◎

王呈禧庚寅（1890年）来到京师："同人生日一得阁墨汁妙，其盍试之，且授予一册曰《文房四谱》。谱不尽论墨，而剖析处精确不可易，而卒以事冗健忘，未尝一试其墨为憾。孟夏榜发，幸隽笔墨，尚无适用者，乃深惧且益悔未试其性情与夫燥湿之异，宜恐重负乎墨也。"

王呈禧还特意到一得阁店，描写当时一得阁店铺："于时夜将半，鸡犬相闻，清风飒飒来，携一奚童走厂肆，至所设一得阁者，一镫（同"灯"）荧荧，主人出揖，询之则谢君吉晖也，坐谈片晷，欢甚。出墨历试，其尤者曰云头艳，清而不浓，浓而不滞，光艳尤绝，洵极品也，回寓什藏之。至廷试日，天燥风高，尘飞满卷，予得侧用墨盒之说，且获此佳品，同人方以笔墨不适为苦，余且挥洒成名也。今幸列馆选，大抵墨之力居多，不敢成私，书以告识者，即跋文房谱后。"

王呈禧此跋写于光绪庚寅年（1890年）夏，在此《今文房四谱》跋中，明确写了谢崧梁与一得阁墨汁的关系："主人出揖，询之则谢君吉晖也。"此文字进一步证明了笔者对一得阁墨汁经营人及创制人不仅仅是谢崧岱一人的判断，谢崧梁也参与其中。那么一得阁墨汁店的经营为什么没由谢崧梁的后人接管，而是转给了外人，原因之一是谢崧梁早于谢崧岱过世；二是谢崧岱过世时正值清末兵荒马乱之时，举家回原籍湖南；三是谢崧梁后人情况较为复杂，长子国维清光绪六年庚辰生，光绪二十六年庚子故去，葬京师麻刀胡同湖广义园，年仅二十岁。次子国纲清光绪九年癸未生，光绪二十六年庚子在北京逃难，不知存亡。继子国墉，实授"陆军少校"，历充南武军先锋五队"管带官"。湖南护国军第五团"团附"，生充第三梯团"参谋官"。可见谢崧梁和哥哥一家当时都居住京城，只有继子在湖南湘军任职，其余儿子一个逝于京城，一个逃难时走失不知生死。（本节涉及《今文房四谱》原文内容，由魏三柱先生审校）

第二节

民国时期一得阁的发展概况

徐蘅，字洁滨，是一得阁墨汁制作技艺的第二代传承人。谢氏家族将一得阁墨汁店交给了他来经营。在动荡不安的年代中，一得阁墨汁店在他的经营下走出了不平凡的发展道路。不过，记载徐洁滨的史料少之又少，包括其生卒年代及家族情况。笔者在北京档案馆中查询到与之相关的信息也只是经营登记、变更等相关情况。对于徐洁滨所处的历史环境，笔者花费大量时间，查阅了大量民国期间的报刊信息，但所获资料也非常有限。

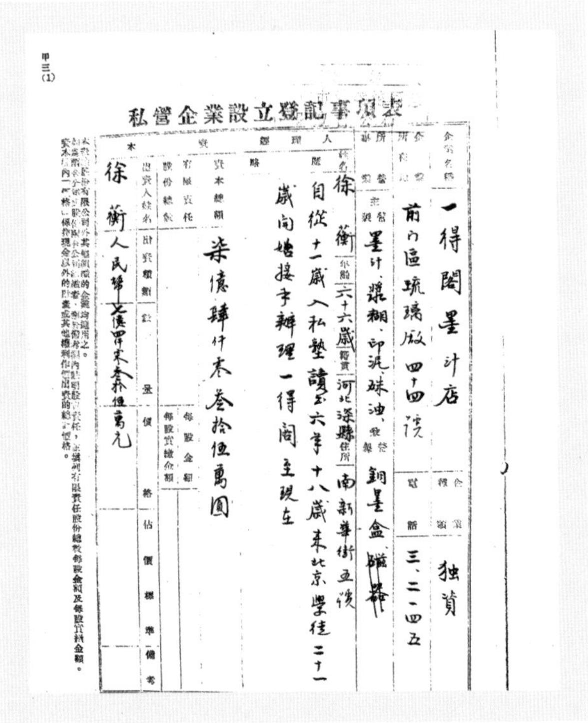
甲三(1)

私營企業設立登記事項表

企業名稱：一得閣墨汁店
所在地：前门區琉璃廠四十四號
主要製品：墨汁、漿糊、印泥、硃油、銅墨盒、磁器
電話：三、二一四五
企業種類：独資
經理人 姓名：徐衡　年齡：六十六歲　籍貫：河北深縣　住所：南新華街五號
履歷：自從十一歲入私塾讀書六年十八歲來北京學徒二十一歲向號接手辦理一得閣至現在
資本總額：柒億肆仟[illegible]叁拾伍萬圓
出資人姓名：徐衡　出資額數：人民幣[illegible]萬元

◎ 含有徐洁滨简历的私营企业设立登记事项表 ◎

一、徐洁滨接营一得阁时间

关于徐洁滨接营一得阁的时间，各类史料记载有所不同。

徐洁滨在1952年填报的企业变更登记表中，自填当年的年龄为66岁；籍贯，河北深县；住所，南新华街五号；略历，自从11岁入私塾读书6年，18岁来北京学徒，21岁开始接手办理一得阁至现在。从以上资料推算，徐洁滨1952年66岁，则为1886年生；从河北深县到北京学徒时是18岁，推算时间为1904年。其学徒三年后，21岁接手一得阁，推算时间则为1907年。

根据1919年所续修的谢氏大宗族谱，谢崧岱过世时间为"光绪二十四年戊戌五月初六日巳时"即为1898年农历的五月初六巳时（上午9点到11点之间），记载是辞世于北京，运回故乡湘乡，葬于祖坟，运送人为谢崧岱的夫人傅氏。如果按照这个时间计算，1904年到一得阁的徐洁滨和1898年过世的谢崧岱之间没有交集，网络上各种二人之间的演绎故事则不成立。

如果按照徐洁滨自己填写的营业执照表格中的时间推算为1904年到一得阁墨汁店学徒，1907年接管的一得阁墨汁店，则是在谢崧岱过世后18年徐洁滨才到的墨汁店，从谢崧岱过世到徐洁滨来店的这15年间一得阁墨汁店由谁来主管呢？显然不是与其同住在一个院落的谢崧梁，因谢崧岱弟弟谢崧梁早于谢崧岱两年辞世。

有资料把谢崧岱辞世时间写成1898年，确定为徐洁滨接店时间，似乎不准确。徐洁滨不可能在自己的简历中把年龄填写错。这段空白时间，是否由谢崧岱的夫人傅氏主持呢？1919年，谢氏大宗族谱中，没有记载傅氏的卒年。族谱对傅氏的记载为征炽的原配："国学雨严公次女。清敕封孺人。充'县立高等女学校校长'。道光三十年庚戌九月初十日巳时生。"道光三十年为庚戌年（1850年），比谢崧岱晚出生一年，1919年续修的谢氏大宗族谱无其辞世记录，说明傅氏还健在，69岁。1898年谢崧岱辞世时她年仅48岁，是否有可能是傅氏掌控一得阁墨汁经营18年，到徐洁滨接管的1907年，她57岁。傅氏有文化，当过校长也有管理能力，经营墨汁店应该是可行的。

以上为时间空白点的推测。

谢崧岱还有一位夫人朱氏，为谢崧岱生子国严、国元、国丰及一女。"福堂公女，清咸丰六年丙辰四月十四日丑时生，民国二年癸丑十一月初八日戌时故，葬十五都……"朱氏1856年生，1913年辞世，享年57岁，早于傅氏辞世。那么在1898年谢崧岱过世到1913年的15年间，朱氏是否也参与过一得阁墨汁的背后管理呢？

笔者未能前往谢崧岱故乡湘乡寻找其历史线索，也未在相关史料中查阅到第一手史料，甚为遗憾。

二、民国时期的一得阁发展

（一）徐洁滨面临的挑战

1925年，一得阁商品印有徐洁滨肖像。徐洁滨以肖像作为商标的一得阁产品包括哪些？笔者在民国二十四年（1935年）四月五日出版的《北平市物产展览汇编》中寻找到一得阁产品与商标的情况如下：

品名：各种墨汁，各种印泥，双羊糊

商标：肖像

出品者：一得阁

地址：仝（同）上。（即与老胡开文和李玉田两个商家的地址一样，均为琉璃厂）

徐洁滨将肖像作为产品商标标识，与当时的社会经营大背景关系密切。根据《北平经济情况调查》了解到，当时北京经济不景气，出现大量伪品。并有大量国外资金注入，在中国进行经营。

笔者查阅商标登记目录时，发现注册商标的中国企业很少，有时候翻阅五六页才能找到一两家国内企业的商标注册信息。粗略计算有十几个国家的企业在我国登记注册了商标，反映出我国经营者的维权和商标意识淡薄。而且国外企业都比较注重研究中国文化，商标的名称多为中国吉祥寓意的名称。

国外在华开设的企业涉及生产生活的各个方面，大到机械制造，小到捕捉鸟和鱼虫的工具。

10661	,,	阜	几傘	,,
10662	,,	英	普天同慶	,,
10663	,,	英	放水燈	,,
10664	,,	英	睡龍床	,,
10665	,,	英	汾河灣	,,
10666	,,	若	百里霄	,,
10667	,,	英	金鐘傳	,,
10668	,,	英	水底天	,,
10669	,,	英	好風水	,,
10670	,,	英	點金石	,,
10671	,,	英	儲蓄	,,
10672	,,	英	鬼谷仙	,,
10673	,,	英	李存孝	,,
10674	,,	英	四郎探母	,,
10675	,,	英	蓮花身	,,
10676	,,	苦	七夕緣	,,
10677	,,	英	珠鳳綠	,,

◎ 英国棉织品商标名称 ◎

9169	,,	,,	日	堅片謄寫版	謄寫版文房具	38，5，14．期滿
9170	,,	,,	日	紀元式	謄寫版及其各附件輪轉謄寫機及其各附件各種文具	38，11，14．期滿
9171	,,	,,	日	瀑布圖及 Niagara 文字	,,	,,	,,	,,
9172	山額白希自閉墨水瓶公司	美	The representation of a ninkstand with the word " Sengbusch " appearing above and below.	墨水瓶及墨水池	,,	,,
9173	奧商茂学洋行	奧	萬象	各種紙類	28，11，14．期滿

◎ 日、美、奥经营文具的商标 ◎

9300	王大有銅錫號王作新	中	王大有圓形篆章	銅錫器	,,	,,
8301	美國捕害機几公司	美	Newhouse	捕鳥獸魚蟲等具	,,	,,
9302	,,	,,	美	Oneida Jump	,,	,,	,,	,,
9303	,,	,,	美	Oneida Victor	,,	,,	,,	,,
9304	德商威廉法惟行	德	⬡	用於機械工藝上的器具	28，12，14．期滿
9305	法郎仙勒製造浪琴鐘表股份有限公司	法	Longines 及圖	鐘表與其附屬品及其各件	33，12，14．期滿

◎ 美、德、法商标 ◎

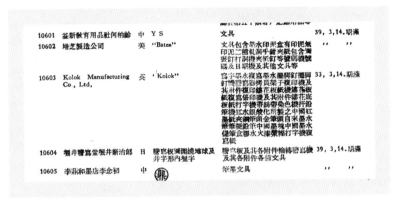

◎ 中外文具商标 ◎

　　从商标注册产品名目上看，国人注册商品的内容大多简单，而国外商标注册的经营内容细致、明确。

　　一得阁墨汁成为国货品牌，《市政通告》调查"京都市工商业改进会营业调查表"记录：

　　墨汁——近年墨汁用途极为普通，若机关、若学习以及个人缮写事件无不用之，比之磨墨事半功倍，价亦较廉。北京造者已有数家，墨色淡浓得宜，亦国货中之能品也。兹将调查情形详列分表。

京都市工商业改进会营业调查分表记录一得阁墨汁店

营业种类	墨汁	店字号	一得阁
地点	琉璃厂	制造方式	熬沉杂质提取浓汁
原料及其产地	松烟产于安徽　熬胶产于云南		
装潢	各式玻璃瓶	销路	北京

　　徐洁滨在清末民初的动乱年代和大量国外企业占据中国市场的复杂社会背景下，不仅将一得阁墨汁制作、经营坚守下来，并在外省市开设分店，同时以个人肖像方式告知天下一得阁墨汁的品牌权益，是中国民间手工业史中值得骄傲的。民国期间，不断有墨汁制作工厂在全国开

设，如四川、广西等地也纷纷开设墨汁厂。两个厂子的审定商标日期为"民国三十二年二月二十八日"，审定商标为第三四二四七号，是我国专用商品分类中的第五十项墨类，墨汁。

在查阅民国一得阁史料时，发现1925年《商标公报》有两条一得墨汁工厂的商标。"注册商标第二五九五号（乙）：专用商品第五〇类，墨汁，商号：京津协顺发一得墨汁工厂（专用期限自十四年一日起至三十四二月十五日止）（附图）"。

开始以为是一得阁墨汁店在天津的分号，后发现地址与一得阁墨汁产品在天津的经销地址不同。该京津协顺发一得墨汁工厂是在天津东马路青年会胡同，注册商标号一个为1297号，一个为2595号。

1954年北京一得阁墨汁店的工作调查表显示："天津大胡同钧和里一得阁分店计划收回。光绪年间开叶（业）。"光绪朝到光绪三十四年（1908年），此店则为在天津开设的分店。

至于1925年的两则商品注册商标是否北京一得阁墨汁店在天津的分店注册，是否历史上有过该名称后来变更或该店根本就是另一家墨汁店，待考。

笔者搜寻到一得阁墨汁在民国期间参加过北平展览信息后，继而搜寻到该商品参加全国展览的史料，这个史料虽然字数不多，但足以表明一得阁墨汁在历史上的重要地位和被社会、政府认可度。

1935年参加"北平市物产展览会"。

1937年"全国手工艺品展览会"目录中有一得阁墨汁的记录，同时在"北平市手工艺出产品说明"中对一得阁墨汁做了介绍："至（制）墨之来源，概系徽产，惟墨汁之制，本市有独精者，如一得阁墨汁店久已著名……"

20世纪40年代日军侵我中华，一得阁也深受磨难，郑州分厂被炸弹炸毁。日军占领北平期间，日本商人多次找徐洁滨，提出购买一得阁的配方都被断然拒绝。徐洁滨以高尚的民族气节，保住了一得阁的配方和中华民族的这一非物质文化遗产。现在一得阁仍然使用谢崧岱亲笔题写的"一得阁"匾牌，保存着制造墨汁的铜皮大缸、民国时期的营业执照和打假广告。一得阁一代传人徐洁滨发展不忘始祖，他觉得自己的字带水字边，墨汁离不开水，与龙王爷打交道，并继承古人制墨技法，所以给那副对联加了横批"龙滨古法"。

（二）开创产品"惜如金"

徐洁滨时期一得阁生产墨汁的地点在广安门大街124号制烟作坊，烧制油烟和松烟。将桐油、花生油、豆油、柴油和松香燃烧后的轻烟末制成"云烟"，开创了名牌"惜如金"。

由于一得阁的墨汁声誉日增，一些墨汁店冒充一得阁的商标，鱼目混珠。为此，一得阁店于1925年不得不重新制作商标，将店主徐洁滨的肖像印在商标上，并呈请农商部商标局注册备案。不久，一得阁根据生产及销售需要，扩大了经营范围，在西安、郑州、天津、上海设立了分号，使一得阁的墨汁名闻遐迩。在天津、郑州的分店，由北京总店将墨汁用大桶从铁路运输去，再由分店自行改用玻璃瓶包装，商标则一律由北京总店统一印发。而上海、西安的一得阁，都是由北京一得阁总店投资合作商店，它们均由北京发成品专供专销，属于一得阁的专点供销商店。

徐洁滨在恪守一得阁制作技艺的同时，改变了经营方式，扩大了销售范围，其灵活变通的传承方法，在当时应该是颇费了一番筹划。为扩大生产，开设了墨汁制造厂（现厂址：北京西城区南街新华街25号），他沿用了人工古法制作墨汁，生产的墨汁分为以下两大类。

油烟类：云头艳墨汁、兰烟墨汁、亮光墨汁、桐烟墨汁、大单童和双童墨汁、油烟墨汁等。

松烟类：阿胶松烟、五老松烟、小松烟等。

其中油烟类为书画家所用佳品，松烟类则是书写小楷字和工笔绘画的佳品。徐洁滨还将配方的比例按照季节气候进行调整，以适合四季的气候变换。

（三）增加墨水经营的业务

除此之外，一得阁墨汁店还增加了墨水的经营，当时国外一些墨水厂在京设厂生产经营，加之书写工具的变化，墨水逐渐占领一部分市

◎ 徐洁滨发表的《墨水和去墨水液的制造法》◎

场，"每个青年的案头，差不多都有一两瓶墨水来供给写信、抄笔记等用，没有一些时间能离开它……自从学校设立以来，由于外国语的学习，我们用墨水儿的机会渐渐多起来，现在差不多整个使用它，所以西洋墨水儿的销路亦随之推广起来"。

对市场经营敏锐的徐洁滨，不仅增加了墨水生产，还撰文普及墨水的相关知识。他在《墨水和去墨水液的制造法》中将专业性的内容做了通俗的解读："这里所介绍的，只是应用化学原理制成的一些帮助我们致学工具简单的做法。随便在课余或化学实验时偷出了一点暇隙来试试看，一定会使你满意……墨水，是用以写字之化学药品综和（合）的液体，由于用途的不同，以致性质、作用而大异，所以种类也就很多。通常见到的，有鞣酸铁墨水儿，自来水笔墨水，苏枋墨水，打印墨水，复习墨水，打字机墨水，安全墨水，洗涤墨水，制图墨水，金属墨水，此外尚有秘密通信用的隐形墨水，和出版界用的印刷墨水。"

徐洁滨在当时的京师文房圈有一定的社会影响力，他除了每周按时到城内固定的房子礼佛事，也撰写文章和参与社会活动。如作有《北京画报》民国十九年（1930年）九月二十二日一得阁主《为陶默厂进一忠告》一文。

三、传承人魏光耀提供的关于徐洁滨的信息

魏光耀，一得阁墨汁制作技艺第五代传承人之一，北京一得阁墨业

◎《北京画报》刊登一得阁主《为陶默厂进一忠告》文 ◎

有限公司党支部书记、工会主席、长阳分公司厂长，他介绍说："谢崧岱创始了墨汁，以后的一代代人一直锲而不舍地在研究和传承上不遗余力。清末金梁先生所著《光宣小记》写道'笔得用贺莲青，墨得用一得阁，而宣纸得用懿文斋。'一得阁墨汁制作技艺在徐洁滨接班掌门时期空前发展，他接手后，励精图治、改善经营、潜心钻研、创新工艺。他在南来北往的必由之地广安门大街124号设立了制烟作坊专门烧烟获取原料，严把选料质量关，获取到又亮又好又细带蓝光的最好桐油原料。同时，不断研究各种烟子在书画中产生的效果，推出新墨汁。徐洁滨还把桐油、花生油、豆油、柴油和松香燃烧后的轻烟末制成'云烟'，开创了'惜如金'的牌子；研制了纯黑、透亮，写字画画能达到乌黑透亮效果、颗粒细的'熏烟墨汁'。用松香烧出的松烟做原料，生产出了墨写小楷画工笔画最佳产品'五老松烟墨汁'。用松木烧的烟子制成的

'小松烟墨汁'，以用于写小楷。墨汁的黏合需要骨胶，骨胶有其自然的特性，去掉一定的黏性，用胶的亲和力、托附力，使墨汁的颜色和附着力这两大特点表现出来，关键在熬胶。胶嫩成坨没法用，胶老水挂不住墨。夏需胶浓，春需胶稳，秋冬需胶小，根据胶的特性掌握火候、掌握时间是熬胶的秘诀。和好灰也是制墨的关键，墨汁用铜皮大缸，跟和面摔胶泥一样，拿木槌愣把它砸熟了使胶跟炭黑黏合在一起，上午开始砸到下午，兑水开始过罗搁到缸里沉淀，遂成墨汁。一得阁墨汁一直将'墨汁料质第一、制作技艺第一、待人诚实第一、商铺口碑第一'作为店规，使得一得阁成为墨界翘楚，经久不衰。清朝军机处许宝蘅《日记》（1907年10月14日4时）中记载道：'到琉璃厂买一得阁的墨汁，此店最有名气，墨汁也最好。'"

民国初期随着一得阁的发展壮大。一得阁墨汁无论从品牌影响力，还是从墨汁产品质量的良好信誉，都在文化市场上独树一帜。"一些投机取巧的奸商也打上了一得阁墨汁的主意，市场上也随之出现了假一得阁的产品。徐洁滨发现后，随即呈请民国农商部商标局注册了商标，以徐洁滨肖像为商标标识，并于1925年5月发布《北京琉璃厂一得阁墨汁店布告》，发表声明维护墨汁商标权，打击不法商人。由于发现及时、措施得力，假冒一得阁墨汁得到了及时清除，徐洁滨是目前知道的文房四宝行业依法维权第一人，依法维权规范经营。

"一得阁在徐洁滨掌柜带领下快速发展，先后在郑州、天津投资开店直销，在上海、西安建立了联营店进行委托销售。一得阁的业务日渐兴旺。日军破坏遭遇劫难。徐洁滨辛勤建起的郑州分厂，被日军飞机轰炸毁掉。日军占领华北后，日本人得知享誉华夏的一得阁就在中国优秀传统文化荟萃的琉璃厂时，欣喜若狂。因为自诩文化之国的日本，生产不出墨分五色的好墨汁。为此，为了得到一得阁墨汁配方和生产工艺，日本人多次找到徐洁滨，提出以重金购买一得阁墨汁配方。徐洁滨不为金钱所动，以'自家研制、子孙享用、不宜外传'。拒绝了日本人的无理要求。日本人一计不成再生一计，徐老先生始终以'富贵不能淫，贫贱不能移，威武不能屈'的气节，保护着我们中国的一得阁。从民国到解放，以徐洁滨为掌门人的一得阁，已是技艺成熟、传承有序、墨汁品种多样。"

四、徐洁滨孙女徐熔提供历史信息

2021年春，一得阁总公司工会主席、书记，一得阁墨汁厂厂长魏光耀拜访徐熔女士，获取了一些徐洁滨及一得阁历史的信息。2021年徐熔72岁了。

徐熔回忆说，一得阁墨汁店是他爷爷徐洁滨借钱盘到自己名下的。"我奶奶以前讲过，他们是借钱盘过来的铺子，比如这个铺子我折合一百块钱，盘给谁？当然先紧着自己的熟人、徒弟、街坊四邻有没有要盘的，别人没人盘也没这个技术，这里边最佳人选也就是我爷爷了。"

徐熔父亲叫徐新孔，大哥徐定国后也到一得阁墨汁店工作。徐熔说："谢崧岱研制墨汁的时候，只局限于一个前店后厂的小作坊，两个徒弟，就是这种程度。自从我爷爷接手以后，把这个做起来。墨汁

◎ 徐熔、周传瑞 ◎

◎ 魏光耀（左）、徐熔（右）◎

有很多品种，我爷爷还增加了印泥等其他的东西，这样就不够地方了，我爷爷就把琉璃厂十字路口东北边这片买下了。一得阁从前店后厂的作坊，到现在这个地址，他开始用雇工了，雇工都是我们河北深县这块地方的老乡，孩子们。就跟现在，哪个地方打工的，把自己的老乡带出来了，或者是你成了气候了，你在这儿做好了，你把你的老乡都带过来，用熟悉的老乡，我爷爷让自己的老乡挣点钱，改善他们家里的生活，这些人成了我们一得阁墨汁厂的徒弟。那时候不叫打工，就是掌柜的和徒弟的关系。我爷爷徐洁滨就算是师傅吧，我爸爸徐新孔就是徒弟那边的，再来的这些老乡都是跟我爸爸一样，徒弟辈的，他们基本是师兄弟这么称呼。"徐熔回忆说，家族人都不太长寿。"我爷爷62岁（有资料上写是66岁）。我爸爸55岁。我大哥42岁。"

一得阁墨汁技艺能够延续至今，徐洁滨家族做出了极大的贡献，清末兵荒马乱、战火纷飞，徐洁滨接下一得阁并有儿子、孙子三代人接续经营，经历各种艰难，徐熔说："谢崧岱之后就是我爷爷徐洁滨，我爷爷之后就是我爸爸徐新孔，我爸爸之后就是我大哥徐定国。我大哥徐定国那会儿是厂长，那时候公私合营，必须有个共产党正厂长，代表国家利益的，你私人有个技术厂长，你出技术，或者你从技术上来做个指导，共产党的干部是国家的代表，技术上还要听取和尊重（私企的人）就是团结的政策，每个私方的企业国家都安排个私方的副厂长。"

徐洁滨全身心扑在墨汁铺子里，还要求子孙们按照老规矩操作，比如一批墨汁生产出来后，要自己先试墨，合格了才能灌装投放市场。

"我就记得那会儿我爸爸天天试墨、天天写字。天天晚上，我爷爷上柜上查账去。我爸爸是配料、试墨，好使不好使添加什么东西。我爷爷是查账差一分钱也不行，看你是看几成的利，如果你是三成的利，你卖的比三成多就不行。我爷爷从作坊把一得阁发展到工厂的规模了。那时候北京没有什么大工厂，北京连掏耳勺都做不了。北京就是小买卖，没有工厂。北京不像上海，上海大企业，纺织厂什么的需要的人多，北京就是作坊，没有大工厂都是小型的。解放后会弄点儿浆糊的都并到二轻局了，雇俩人，灌点瓶儿，现在是胶水，那会儿都是浆糊灌成瓶也算是文具，都算一个小厂子。"

徐熔的爷爷从河北老家深县出来到一得阁学徒的时候已经结婚，徐熔父亲15岁来到北京，跟徐洁滨一起制墨，一块经营一得阁，而谢崧岱家族没有人在一得阁，徐熔说："我听我奶奶说，谢崧岱去世后，我爷爷的师娘就回南方了，所以铺子才盘的，一得阁等于从谢崧岱创始，我爷爷他们也就是一直延续的这个牌子，做得更精进一些，一段段往前发展。谢崧岱是创始，我爷爷是传承发展了。从1900年我爷爷接手铺子到1949年解放发展到全国设厂。"

一得阁墨汁的规模扩大和产品增加主要是这50年。"这段时间还增加了好多新品，比如八宝印泥。我记得我妈说过，为什么叫八宝印泥呀，起码红的是朱砂，还有冰片、麝香都是这些珍贵的东西，价格也是特别贵的材料。墨汁也是，过去原料珍贵，毕竟过去读书的人少，用墨汁的人少。虽然原材料昂贵，可我爷爷那会儿用的都是真东西，没用过假东西。八种原材料也都是很好的东西，我小时候没觉得这个印泥和墨汁是好东西，真正的墨汁是治病的，比如你有了伤口，涂上点好墨一会儿就长上去，因为原料都是真正的好药材。原来我们是在两广路，菜市口广安门那块，住着一得阁厂的职工，老家来了人没地儿住，先住那儿。住那边，来这边上班来。在那儿烧烟子，那里专门有个车间烧。烟子就比如说咱们那个煤油灯，煤油烧黑了不就能刮下一层末儿来吗，就是这么个原理。他们是用松树，全聚德烤鸭店是用果木烤鸭子。烟子是松木烧出来的，制出来的墨汁也不一样，广安门那他们就在那儿烧烟子，也住职工。东琉璃厂那个门市，一得阁起源的地方，后院里，再往里走二百米还有一个院子，也在那儿烧烟子，那儿现在已经不是一得阁的了，公私合营以后划拨出去了，在东北园那儿也有一个院子也烧烟子，在广安门也烧烟子，自己烧。也有买的，解放以前叫西洋烟子，就是外国进口的烟子。"

徐洁滨的老伴也参与过一得阁制墨过程，徐熔回忆说，她奶奶每天拎个桶进屋配料。20世纪50年代末，徐熔和母亲也在一得阁工作过一段时间。

整个徐洁滨家族为一得阁墨汁这一中华品牌传续至今，功不可没。

五、张英勤口述的信息

张英勤是一得阁墨汁制作技艺第三代传承人之一（1927—2017年），河北省深州市马兰井村人。1943年入一得阁做学徒，之后一直在一得阁工作，直到1987年60岁时退休。

1943年，张英勤到一得阁学徒。张英勤说："我师傅姓徐，名蘅，字洁滨，我学徒的时候他是掌柜的，店里还有徐新孔，是我大师兄。"1944年其师傅（掌柜）徐洁滨和大师兄（少掌柜），带领张英勤及另一个徒弟，在现在的东琉璃厂后院挖出一个瓷坛，坛中有8500块银

◎ 现任一得阁公司总经理马静荣讲述捐献铜缸的故事 ◎

元，用此钱给一得阁的天津分厂买了房。此外，抗美援朝战争中，一得阁墨汁店响应政府捐献铜、铁的号召，将盛墨汁的容器紫铜桶20个（每个300斤），一共6000斤捐献给了国家。

老一得阁店房是参照中和戏院建设的，中间为传统的大扇棚，西边是高大瓦房，南边制造生产墨汁，东边是吃饭的地方伙房。大扇棚内用于存放货物，因为当时一得阁墨汁店没有专门的存货仓库。据张英勤回忆："掌柜的说，建一得阁用的木料黄花松是从菲律宾运来的，因为他第二房夫人的弟弟在菲律宾共事，建得很像样，西边的房6间通畅，是包装的；两边有暗楼子，是工人睡觉的地方，白天在这儿包装。南屋5间，1间是生产墨汁、存墨汁的地方，东边伙房工人就是管吃管住。单有做饭的人，吃饭分为两桌，工人吃饭在一桌，我们门市部的业务人员

◎ 一得阁老厂组图 ◎

北京一得阁墨汁

在一桌，两桌吃两拨。"

老一得阁院子的北边是账房，记生产数量和出库数量，面积比中和戏院大，房子后边院通西琉璃厂，外边厂房北边有小院，4间大北房，地上铺的是地板。张英勤介绍说，掌柜的在城里有"通山社"，因为徐蘅信佛，每周三天要去打坐念经。当时一得阁业务部门有一位毛笔字写得好的，用朱砂研后专写黄表字，徐蘅每次念完经要烧黄表。

关于徐洁滨家人情况，张英勤介绍说："靠外边是两个院，东院、西院都是四合院。西院是我师傅徐洁滨的第一夫人，东院是他的第二夫人。他第一夫人有一个男孩子四个女孩，我们大师兄徐新孔就是他的大儿子，在墨汁厂专管技术。东院是他的第二夫人，本地南苑人，生了一儿一女，新夫人有学历。第二夫人生的大姑娘叫徐子怡，辅仁大学毕业；二的是儿子，在东方红仪器厂，都没在墨汁厂共事，在墨汁厂共事管事的只有徐新孔，管工厂管技术。"

徐洁滨经营一得阁墨汁店期间，负责财物、人事和门市部经营。

当时生产使用的是老式设备，除了一得阁墨汁厂的主要厂房，另有烧烟子作坊，黑烟子自己烧制，在广安门大街有30间左右房产，有专用烧烟子的耐高温大灯。

制墨所烧的油烟有矿物油即柴油烧油烟，有豆油、菜籽油、棉花籽油，最好的是桐油，桐油烧出来的产品亮、细、带蓝光，云头艳墨汁含有桐油，当时是最高级的。

烧烟子工厂的房子是特制的，地上有气眼，上边封闭，进气灯照着。烧松烟，松烟是松香和松木，松香有油，生产高级的墨汁，如五老松烟最好，适宜写小楷和画工笔画，松木烧的烟子一般写小楷。

一得阁使用古法制墨，骨胶采用其自然特性，在琉璃厂东北园门市部后边四合院里存骨胶。"是整袋的存着，三年以后使用，它通过夏天的三伏天热，那胶它自己嘎巴嘎巴响，是为了撤热性，墨汁用胶是要它的亲和力托附力，不要黏性，黏性拉不开笔没有扩散力。"烧烟子和使用骨胶，是一得阁墨汁厂最拿手的两个特点。

第三节

中华人民共和国成立后一得阁制墨业的发展

据一得阁墨业有限责任公司总经理马静荣介绍，中华人民共和国成立后，全国文化艺术迅猛发展，墨汁需求量快速增长，原来的生产空间和工艺已远远满足不了市场供应需要。1953年一得阁墨汁店由东琉璃厂迁至南新华街25号，一得阁墨汁店随之改为一得阁墨汁厂，墨汁制作也由手工石磨，改成电动石磨加工，产量翻了一倍达4万多瓶。1956年，一得阁由私营转为国营企业，名称为'北京一得阁墨汁厂'。在第三代传人张英勤带领下，墨汁生产在20世纪60年代初实现了机械化生产工艺。企业除生产墨汁、墨块、印泥外，先后上马了广告色、水彩色、国画色、油画色等美术颜料，产值增加到68万元，墨汁产量由4万多瓶猛增到14万多瓶。20世纪60年代中期，墨汁产量已达到1000万瓶左右。一得阁受到了党和政府的高度重视，企业得到前所未有的蓬勃发展，从传统的个体作坊，变为现代企业。

◎ 笔者采访一得阁公司马静荣经理 ◎

一、公私合营前的一得阁经营

1952年北京市人民政府工商局企业登记证显示，一得阁企业名称为"一得阁墨汁店"，地点在前门区琉璃厂街44号，主营墨汁、浆糊、印泥、朱油。

一得阁1952年资产情况，在当年的12月25日的增资单显示：烟子200袋；房子共计53间半。

1953年4月，北京市人民政府工商局企业登记证显示，一得阁主营墨汁，兼营浆糊、印泥和朱油。

营业人为徐蘅（徐洁滨），企业名称为"一得阁墨汁店"，地点为前门区南新华街五号，主营为墨汁、浆糊、印泥、朱油。资本总额：七亿四千零三十五万元。登记证号为：二七四二五号。

门市和工厂合并。1953年4月14日变更登记中显示："本店因为批发较多，零售较少，为了人力集中，节约开支，特申请将门市部和工厂合并在一起。"

◎ 1952年增资单 ◎

◎ 1953年4月14日公私合营企业变更 ◎

◎ 1952年企业登记证 ◎

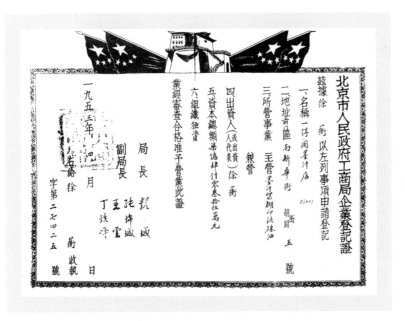

◎ 1953年企业登记证 ◎

　　1953年一得阁墨汁店由前门区琉璃厂44号迁至南新华街5号（现西城区南新华街25号）。一得阁墨汁店随之改为一得阁墨汁厂。

　　1954年，徐洁滨逝世，一得阁的经营权发生了变动。在1954年的北京市私营企业变更登记事项表中显示："我店经理徐洁滨于两月前去世，因此股权由其子徐子·嘉（与前文所提徐新孔为同一人）继承，并因徐子嘉有病，

◎ 徐定国简历 ◎

不能到店内经营叶（业）务，所以经理一职乃由徐子·嘉之子徐定国接做，而便业务负责。

　　"又，我店现在大部分由百货公司及华北合作总社经销，因此已无

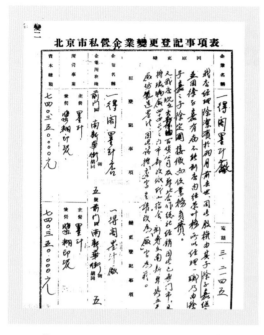

◎ 徐洁滨辞世后徐定国变更登记 ◎

◎ 1954年9月徐洁滨去世 ◎

门市，且将琉璃厂44号之门市部改作职工宿舍。别专在南新华街五号厂坊制造墨汁。因此请将'店'字呈请改为'厂'字为盼。"

1955年一得阁墨汁变更登记表，写有："……徐洁滨在1954年9月死去，改为其子徐子嘉继承，因他本人有血液病，不能长期经营叶（业）务，特其子徐定国担任经理。徐定国也是商人出身，在1954年8月间来此柜工作，因此申请更变经理。但已取得本单位基层委员会的同意。"但变更后的营业执照法人仍然是徐子嘉。

二、公私合营后的一得阁发展

1956年，公私合营期间，成立了北京一得阁墨汁厂，其生产工艺走向精细化与科学化，年产量增加至15万瓶。

"公私合营期间，以一得阁为主体组成了108个人的公私合营企业，生产的产品有墨汁、印

◎ 1956年使用的商标 ◎

◎ 张英勤 ◎

首都天安門留影1957.5-26与京大水库

◎ 张英勤（左一）◎

泥、墨块，及墨水晶。第一任公方厂长是国营北京市墨水厂派到厂的赵文才，书记由'五四一'厂（印钞厂）调过来的郑继荣担任。原来一得阁墨汁厂的私方代理人（当时墨汁厂在其他合营进来的企业中算是大企业，资金多）则由老掌柜的儿子、孙子担任。（实际是他的孙子徐定国做私方代表，任一得阁副厂长。徐定国原来是上海荣墨斋的工作人员。）当时比我大两岁，属牛的，今年要活着91岁了，我虚岁90。"张英勤说。

多个私营企业的墨汁厂合并以后，经过整顿、梳理，产品由原来的自销，改为统一由文化用品公司商业收购经销，过去的产品大部分被淘

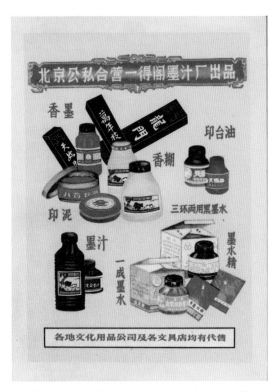

◎ 公私合营期间，北京一得阁墨汁广告 ◎

汰，如墨水晶过去是给解放区生产的，一袋两片，一片可以沏一小瓶墨水，不再生产。蓝墨水、黑墨水由于质量问题也被淘汰，此外砚台油、颜料也停产，仅剩下一得阁墨汁和3家做墨块的及打浆糊的2家继续生产。而墨汁厂任务不足，1957年只有四成任务，工人只发75%工资，造成大部分年轻人外调，一年就调出44个人，墨汁厂还剩64人，任务量依

◎ 机修工段 ◎

◎ 墨汁乙组 ◎

然不足。主要原因是经销商不收高档的产品。于是，时任的厂长、书记派人到上海学习经验。

一得阁墨汁厂在上海学习的内容包括：一是墨汁的科学配方、机器压制、仪器检验。这些原来一得阁都没有，都是手工做，比较落后，质量不稳定。二是学习北京所缺产品，如广告色、水彩色、国画色、油画色。

张英勤及另一位做墨汁的老师傅在上海学习了3个星期。他们在天然墨汁厂，学习墨汁的科学配置、机器压制，半成品、成品的检验，在车间跟着老工人亲自操作学习，用三辊机压成的墨汁稳定、不沉淀，墨汁配方是用新型的防腐剂，合理的配方。当时一得阁制墨方法落后，使用卤盐，虽然防腐防冻，但容易吸潮，写上字后下雨天会往下流，如果进行裱糊，墨会扩散。虽然当时一得阁制墨一年四季有四个配方，仍然不稳定。在上海学习的方法是使用新型的防腐剂，机器压制比较细，且不沉淀。随后他们又到上海美术颜料厂学了马利颜料、广告色、水彩色、国画色、油画色的制作技艺。

张英勤二人学成回京后，请示二轻局帮助挑选设备，二轻局找到化工局，从宋家庄北京市地方国营油漆厂，给一得阁调来一台小型三辊机、一台小型旧锅炉，安装生产后，产品质量良好。

◎ 骨胶测试 ◎

北京一得閣墨汁店行中價目表

種類	品名	單位	單價	種類	品名	單位	單價
墨汁	金鋼汁	瓶	2.700	普通印泥	二扁印泥	打	120.000
〃	白千汁	〃	3.400	〃	三扁印泥	〃	96.000
〃	紅千汁	〃	3.600	〃	特大方印泥	〃	258.000
〃	紅黃千汁	〃	4.200	〃	特二方印泥	〃	216.000
〃	黃千汁	〃	4.700	〃	大方印泥	〃	120.000
〃	大雙童汁	〃	6.000	〃	二方印泥	〃	96.000
〃	五老松烟汁	〃	6.500	〃	元字印泥	斤	48.000
〃	元瓶兩用墨汁	打	24.000	〃	亨字印泥	〃	56.000
〃	雙羊墨汁	〃	24.000	〃	利字印泥	〃	72.000
〃	一兩雲烟汁	瓶	1.200	〃	貞字印泥	〃	80.000
雙羊糊	雙羊糊	打	15.000	八寶印泥	藍色印泥	兩	4.000
硃砂油	人字硃油	打	48.000	〃	乾字印泥	〃	10.000
〃	天字硃油	〃	84.000	〃	震字印泥	〃	15.000
普通印泥	特大扁印泥	打	276.000	〃	兌字印泥	〃	20.000
〃	特二扁印泥	〃	222.000	白印油	普通印油	瓶	1.700
〃	大扁印泥	〃	144.000	〃	極品印油	〃	2.500

北京：和外南新華街五號 電話：三局二一四五號
天津：八區大胡同鈞和里五十三號 電話：五局三〇八二號

一九五三年五月十日印

◎ 1953年一得阁墨汁价目表 ◎

新产品的上线，营销商增加了收购量及储存量。一得阁首先研制的是广告色和小学生画水彩画用的水彩，但没有生产设备，于是与北京市新华印刷厂礼士路油墨车间联系，该厂有十几台设备，给一得阁加工半成品，自此广告色产量逐步增大。

1957年一得阁墨汁厂自上海学习了现代配方，改变熔胶，开始用锅炉搅拌。现已经改成先进的熔胶釜方法，比较稳定。熔胶头稳定了，需要测其黏度，设备是上海人发明的大肚管，里边容28毫升，上粗下细，测流速用秒表，检测其流速来判断浓度，旧时则全靠有经验的师傅用眼判断。

墨汁压墨用三辊机，一个辊筒重4吨多，3个辊筒12吨多，转动方法是其中一个辊子转1下，第二个转3下，第三个转6下。通过转动摩擦，把墨研磨细，墨的亲和力好，沉淀24个小时。所使用防腐剂为石炭酸，即苯酚防腐，加入后三五年墨不臭。苯酚里边有香料，包括人造麝香、冰片、三梅片。制墨的炭黑大部分来自四川，主要生产高色素炭黑，印毛刷的油墨，高档的油墨都是此类炭黑。

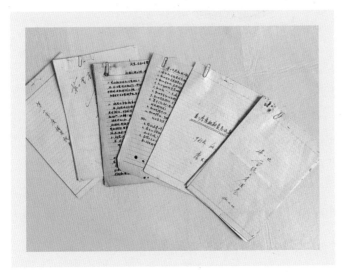

◎ 1962年、1963年一得阁学徒工考试卷 ◎

1957年后半年到1958年，一得阁的生产任务量增加，一得阁厂的员工到新华印刷厂用木桶舀原料，回厂后兑成成品，1958年到1960年期间，广告色产量超过墨汁的产量，产值、利润也超过墨汁。

自此，一得阁墨汁厂由过去的赔钱，变成产值利润翻番。1966年，写大字报墨汁供不应求，装瓶的墨汁供不应求，连续增产，甚至有单位用桶购买，一次买四五百斤。

1969年，一得阁墨汁厂开始进技术人员，分配到两个北京工业学校中专生，还有马甸中学、石景山中学、门头沟中学40多人，最终因为

九十年代一得阁书写、书画墨汁

◎ 20世纪90年代一得阁书写、书画墨汁 ◎

工资低，只有20人入厂。"当时二级工第一年19块钱；二级工转正32块钱。一般像我们这样的厂子公私合营的都接近40块，所以留下的都是家庭比较困难需要吃饭的孩子们，留了不到20个人。"张英勤回忆说。

1970年，受二轻局、轻工业部委托，一得阁墨汁厂与中国科学院物理研究所合作，研究新型材料——微波吸收材料。该年2月，6名专家进入一得阁墨汁厂，轻工部拨付15万元试制费，经过一年的努力研制成功，此"七〇二微波吸收材料"，被北京科技大会评为三等奖，后因墨汁厂主要是生产墨汁、颜料，该微波吸收材料一得阁墨汁厂联系调给了广安门外红坡塑料厂（集体企业），并带走一名技术工人，科学院的人也转到红坡塑料厂。

一得阁墨汁厂生产环境的改变和生产设备的增加，倾注了领导和员工的群策群力。

20世纪70年代初，在北京市政府、二轻局的大力帮助下，一得阁墨汁厂获批新建一得阁大楼。

1973年始陆续拆除破旧厂房，1974年10月1日施工人员进入工地，一个规划为四层楼的一得阁厂开始建设。张英勤说："资金是凑起来的，二轻局集体提供10万，文百公司集体提供10万，我们贷了19.5万，

◎ 一得阁职工之一 ◎

◎ 一得阁职工之二 ◎

◎ 传统搅胶 ◎

◎ 老厂区 ◎

地下室人防工事给了7万，一共是47万，一平方米合120块钱。一建公司出技工，我们出壮工，什么推石头子儿码砖的，在街道找了20个临时工，加上我们厂的一些壮劳力，我亲自参与建楼，改变墨汁厂的面貌，一得阁开始稳定地发展，机器设备也增加了新的，新设备进了楼，所以墨汁厂走向正规发展，墨汁比较科学化、高档化，颜料，如广告色、水彩色、国画色、油画色四种都进行生产。"

◎ 一得阁新楼 ◎

一得阁历史上曾经与全民所有制公私合营的唱片厂合并，定名为"北京文化用品厂"，但没多久又分开。

三、新时期一得阁的发展

改革开放以来，一得阁不断改制创新，发展道路愈发宽广，未来可期。

一得阁墨汁厂在商业改革期间，商业和工业并轨前行，前楼一层和二、三层的一半做商业经营，名为"艺苑楼"，1985年春节以前开张；其余为墨汁厂的生产基地和办公室。

1985年，一得阁在传承人，也是一得阁的书记兼厂长的张英勤带领下，对企业进行了适应市场要求的大刀阔斧的改革，通过多种途径，推动核心技术的传承和发展，确保老字号的根基永远不变。墨汁制作技艺和工艺流程，在保留核心要素的同时，摒弃影响产量和质量的落后工艺，增加了电动三辊研磨机数量，其产品已达墨汁、墨块、印泥等八大类之多。各级领导的关怀鼓励为企业发展增添动力。1990年，一得阁举办了试墨庆典。试墨会上，领导和艺术家们饱蘸香墨，畅写诗词歌赋，赞颂伟大祖国，描绘秀美山川。经过几代人的实践和努力，一得阁墨汁已是具有可分五色（焦、浓、重、淡、清）和墨迹光亮、耐水性强、书写流利、永不褪色、香味浓厚、四季适用等十大特点的知名品牌。

1996年，随着不断研制，品牌有"一得阁牌墨汁""中华牌墨汁""北京特制八宝印泥"，被北京市科委核准为国家级秘密技术项目。

2000年，一得阁由国企改为民企，这一变化给已经习惯于国企模式的一得阁墨汁厂，带来了诸多的不适应和新问题。2004年，一得阁再次改革，变为有限责任公司，组建了以李占木为董事长、董兴芬为总经理的董事会。此时墨汁类型达十几个品种，产量达到2506万折合瓶，销售收入达到2000万元。2009年，公司组建了以耿荣和为董事长、徐小风为总经理的第二届董事会。一得阁在北京房山区长阳镇建立了新的研发基地，组建了强大的销售网络，产品出口日本、韩国、东南亚及海外华人聚居地区。品牌市场占有率高达76%。2011年，一得阁进一步深化改革，引进新的经营机制，极力弘扬中华墨文化，重塑一得阁品牌，打造墨业的旗舰企业。2012年，一得阁书画城在北京市琉璃厂南新华街25号开业。2013年，一得阁美术馆成立，并组建了一得阁（北京）拍卖有限公司。这时企业虽然生产稳定，但是，多年积累下来的各种问题，已经让老年一得阁难以承受。最大的问题是人才大量流失，导致后继无人。最大的困难是市场缩小，资金短缺。由于自身无法产生一个能够带领企业走出困境的优秀领导人，无奈之下只得外聘经理。愿望很好，事与愿违，上当受骗，雪上加霜，幸运的是技术核心骨干没有流失。

2016年6月，为了品牌良性发展，摆脱困境，一得阁引进北京嘉禾国际拍卖有限公司进行合作，由嘉禾公司派出团队接管了企业。为了尽快摆脱技术人才青黄不接的严峻困局。同年10月28日，一得阁举行了隆重的拜师收徒仪式。

2017年3月，一得阁依法增资扩股，北京嘉禾国际拍卖有限公司成为大股东。一得阁领导班子也同时进行了较大调整。组建了夏钢寨为董事长的新董事会，王杰为总经理。公司大力吸纳各方面优秀青年人才40多人。一得阁各方面建设快速发展。

2018年4月6日，日本白扇书道会在一得阁美术馆办展，王杰总经理送给种谷万诚会长一瓶古法手工制作的墨汁，种谷万诚先生十分高兴，如获至宝，却一不小心失手掉落，瓷瓶打碎墨汁流了出来，瞬间屋内墨香四溢。随行的秘书长川野纯一先生，立即跑过去用手蘸墨吸吮起来。一边品味一边连声称赞："好墨！好墨！"

2019年，一得阁墨汁年销量近800万瓶。

2021年，一得阁墨汁年销量700万瓶左右。

2022年，中国文房四宝研学基地挂牌一得阁墨汁厂长阳工厂。

一得阁一直致力于打造集研发、生产、销售、教育、文化传播于一体的综合旗舰品牌。目前一得阁产品有墨汁系列，其中包括练习墨、书法墨、绘画墨、禅墨、学生墨、学生套装、精制墨、云头艳等多个品种。并生产有金墨、印泥和一得阁礼盒等适应不同消费人群的产品。

注 释

[1] 高彦、白雪松：《续修国子监志》，中国社会科学出版社2015年版。

[2] 清制对考绩优异的官员，交部核议，奏请给予加级、记录等奖励，谓之"议叙"。

[3] 孙殿起：1908年开始在琉璃厂宏京堂书坊学徒，期满后相继在西鸿宝阁、文昌会馆内会文斋书店工作，1919年开始为他人经营通学斋书店，对琉璃厂十分熟悉。

[4][5][7] 孙殿起：《琉璃厂小志》，北京古籍出版社1982年版。

[6] 赵汝珍编述：《古玩指南》，中国书店1993年版。

第三章

一得阁制墨技艺

第一节

一得阁墨汁制作技艺

中国历史上，关于制墨技艺的经典著述保留至今，其技艺内容有所创新又延续古人。谢崧岱所撰一得阁楹联中的下联"得法多自古人书"是其在墨汁发明中所借鉴的重要技术依据。这在谢崧岱所著述的《南学制墨札记》和《论墨绝句》中都有说明。因此，在一得阁的制墨技艺上探究其方法，还需追根溯源，从古人制墨的源头着手。

谢崧岱制墨的技法，主要源于古代三位制墨大师，他分别从这三个人的制墨古法中汲取了适合自己制作墨汁的方法。光绪十八年（1892年）三月，谢崧岱的朋友醴陵的文雪吟、孝廉潚到京来访，他们看见谢崧岱所供奉的苏子瞻（苏轼）、晁季一、沈学翁（沈继孙）三公神位，随即问谢崧岱为什么供奉此三人，谢崧岱说："于苏得取烟法，于晁得和胶法，沈集墨家大成所惠更多，实得其益，故祭之。他若奚、李不传作法，程、方仅工模式，于我无涉，故三公外无人也。"

以上可见，谢崧岱创制一得阁墨汁起，就供奉三位他心目中的墨神苏子瞻、晁季一、沈学翁，至今一得阁仍然供奉三位神公，其收徒拜师仪式也在始于谢崧岱供奉的"墨神"前进行。

一、谢崧岱"八法"制墨技艺及墨汁使用方法

谢崧岱制墨工艺归纳为八法，于光绪十年（1884年）的端节后的一天，在国子监的南学广业堂写就，其中包含墨汁制作的工艺。

（一）制墨八法之"取烟"

我国古法制墨用的是松煤，南唐的李廷珪则用油烟，谢崧岱考据《西园杂记》所记载的油烟始于宋代的张遇是不准确的，由于松煤制墨法后来没有技艺的传续记载，因此世人以明代的沈继孙所著的《墨法集

要》一书为近代造墨家之祖，亦只载油烟一法。

谢崧岱说松香（即松脂），桐、麻等油皆可取烟，他通过对上述提及物操作后认为制墨用湖南土产的桐油最好，松香居其次。"猪油（即猪脂）又次之，灯油（或曰京师灯油即苏子油）又次之，麻油（即香油）又次之（闻燃漆取烟，其色更在桐油之上，《墨志》已有此说，但未试用，不知确否），然即次如麻油犹数倍于市墨之佳者，其取烟之法亦各不同。"

谢崧岱为了方便世人操作，介绍了具体的操作方法："松香烟大成球，法用铁锅盛之（砂锅亦可），用棉条数根将油浸透（不论何油），置于松香之上用火点燃，松香自然熔化，烟往上冲，上盖瓦缸（盛水大缸极好，铜铁缸皆可）以盛烟，但不可太紧，紧则火灭，又不可太松，松则烟走，大约须空三四寸，以火不灭为度，不必禁其烟之全不走也，火灭再点，至点不燃，则松香尽矣。然后将缸取下，候冷用小刷取烟，松香一斤约可得烟三四钱。"

松烟的取烟方法和各油取烟方法有所不同，比如猪脂，要先煎化才能成油："即照常点灯之式用铁丝作架，将洋铁皮或铜皮或灯盏（须将凹正对焰头）架住罩于灯火之上，不可太高，高则烟少，以顶着红焰为度，但须及时刮取（约一刻余刮一度，即迟不可过两刻），恐其久则烟黄，并恐其多而坠也。灯草须拣肥大者，冬以十二茎为度，夏亦可用八九茎（人言灯草少则烟细，试之殊不然，亦无远细近粗之说）。各油得烟之数约倍松香，惟桐油则每斤可得烟一两二三钱（亦有即于读书灯上取烟者，事虽简省，惟烟气逼人，最易伤目，并最污书籍）。"

谢崧岱取烟借鉴了古人浸油的方法，用古法提取烟，桐油所得的烟最多，呈墨色，不但黑而且有光，时间长了一天比一天黑。用油取烟所得的烟则少，墨色淡而且灰暗，时间一长则一天比一天色泽淡。谢崧岱制墨的具体配料："每桐油十五斤、芝麻油五斤，先将苏木二两、黄连一两半、桐皮杏仁紫草檀香各一两、栀子白芷各半两、木鳖子仁六枚，由锉碎入麻油内浸半月余，日常以杖搅动，临烧烟时，下锅煎令药焦，停冷，漉去渣，倾入桐油，搅匀烧之。今时少有用此浸油法者，姑存其古云。"

除了使用以上两种方法取烟，还有一种灯草法："拣肥大黄色坚实灯草，截作九寸为段，理去短瘦，取首尾相停者，每用十二根茎以少棉缠定首尾，于粗板上以手搓卷成一条令实，卷得多条，用苏木浓汁煎灯草，数沸，候紫色漉出，晒令极干，纸裹藏之，勿令尘污，用则旋取。"也可以使用发焰扫烟法："剪去灯煤弃于水盆内，否则灯花罩了火焰烟不能起。敲碎巴豆三四粒纳油盏中，发烟焰得烟多。每日约扫二十余度，扫迟则烟老，虽多而色黄，造墨无光，不黑。"

（二）制墨八法之"研烟"

墨的优劣取决于烟的成色，以烟细为佳，若要达到烟细的效果，需要墨工对所取的墨进行一种必不可少的工艺"杵"："古人有十万杵之法，然杵只可施于多烟，且不如研之得力，然不得其法，虽研无功。"

一得阁的墨汁特别强调研烟技艺，因为烧的烟非常轻，没有水就会飘飞，入水则浮于水面，想要成"乳"后进行研，也难研成。谢崧岱使用的方法是："将烟置研钵（俗谓之乳钵，亦曰乳碗）内，用酒浸透（须好烧酒），烟见酒即服，不飞不浮，自然受研。然后略加清水（便研为度），如画家之研颜料、医家之研眼药，总以多研为妙，和胶之后再须多研。"其中研烟加酒则不飞的方法，是谢崧岱研制墨汁技艺的重要发现。

（三）制墨八法之"和胶"

"和胶"前，首先要煎胶，胶的材质如果用牛胶，一定要选取好牛皮，或者是做鼓的时候裁下的剩牛皮。如果用熟牛皮刮下的皮屑煎成的胶："……力浅不堪用。胶好方始有力，可以减斤两而用，墨因胶少烟多，故倍加黑。"

制墨流程中需要添加一些药物，其中用药是有法则的，谢崧岱认为用药有损有益，制墨者要知晓所使用药的性能，他研究和熟知了一些药物的性能："且如绿矾、青黛作败；麝香、鸡子青引湿；榴皮、藤黄减黑；秦皮书色不脱；乌头胶力不贆；紫草、苏木、紫矿、银朱、金箔助色发艳，俗呼艳为云头；鱼胶增黑，多则胶笔锋，牛胶多亦然，又无云头，色少黑……"想得到颜色黑的墨汁，谢崧岱一是选用纯的烟，二是选用好胶，用胶的量比做墨块的胶要少，三是必须捣杵三万下而不能厌烦，这三项要点，全部做到才能得到好墨，其中捣杵是一项重体力劳动，十几斤的特制杵槌，年轻力壮者才能操作："此不易之法，不可全借乎药也。"古人称为合剂法，在《仇池笔记》中介绍道："三衢蔡瑫自烟煤胶外，一物不用，特以和剂有法，甚黑而光。"

谢崧岱制墨汁非常重视的技艺环节是"和胶"，墨品是否能成为佳墨，"和胶"技艺是制墨的重要环节，《墨经》里说，即使你有了上等的煤，如果胶不如法，墨亦不佳。如果胶法得当，即使是次些的煤也能制出来好墨。制墨中，谢崧岱根据自己的和胶经验总结道："胶无论牛（即广胶）、驴（即寻常入药之阿胶）皆可入墨，总以亮为上（如用阿胶，京都雷万春之上、中二等可用，下等不可用）。"蒸化胶的过程中，要观察水的成色，水清则为上，略浑的水次之，倘若水发黑而滞就不要再使用。胶要达到："笔蘸胶水全不滞笔，写去若无胶然，则极佳

◎ 现任一得阁墨汁厂厂长讲解传统取烟法 ◎

矣。胶水必俟冷透方可入烟，不然必至不匀。"谢崧岱说要达到所需胶的效果，配料上需要使用干烟三钱，以入干胶二钱为度，制出的墨"既不滞笔，亦不脱落；如嫌其不亮，可再加胶，则自亮矣。此则随人所好，可自酌量也。烟三胶二之数，专指白折大卷及白纸而言，如红纸及蜡笺，则须倍加。"通过这个记载可知谢崧岱不厌其烦地尝试了各种墨的制法，并做了详细的记录。

（四）制墨八法之"去渣"

去渣，顾名思义是去掉制墨物质中的杂物，使所制墨更佳，虽然烟本身已经极细了，进行细研之后本自无渣，谢崧岱为了使墨"以臻尽善"，还要过筛。"且胶虽极佳，究自有渣，终以过筛为妙，但须稍清乃能筛出。"过筛所用的工具一般为纱，"今厂肆所谓墨筛者（亦曰墨漏）甚可用（纱不必极细，一层已足，亦不必用两层）"。

（五）制墨八法之"收瓶"

我国自从有墨后，基本为固体状态，因此不涉及装瓶的技艺。谢崧岱发明了液体的墨汁，制成后需要盛装的容器，初制出的墨汁不能装盒，要先装瓶，因为墨汁制造出来后不能马上使用，原因是民间常说的"走性"，谢崧岱特别强调："既筛之后，墨已成矣。然犹不可即用，何也？火气未净，其色不润，且酒性犹存，若以入盒最易生霉。须盛入瓶内（玻璃、红铜皆可），盖不可太严，须令其透风出气，愈陈愈佳，纵少亦须在一月以后。"墨汁起码要在装瓶后一个月以后使用，临使用时，需将上面清水倒出去，再将墨装入墨盒。"如此做法无所谓渣，自上至下皆是一色，万无以瓶底为渣而不用也。"

（六）制墨八法之"入盒"

墨汁装入墨盒的技术环节，首先在盒子的底部垫上绒或棉类吸水之物，以便于墨汁沉浸其中，谢崧岱选用墨盒瓢子，以绒为首选，先把干的绒发湿再用；棉质的次之，"须去粉，用沸水洗净，但不可太少"。入盒的墨必须是极其浓的，不能放入太多，"以瓢子吃饱而又上无浮墨为度，瓢少墨多极不适用，瓢多墨少勉强可用，适中之处久用自知"。墨盒中的墨在使用过程中要经常挑拨，免得不均匀。如果被风吹干了，添加一些清水，凉白开或生水都可以加入，墨汁添加水后一定要"拨匀再用，不必遽然添墨也。黄连、元参等水俱可不用"。

（七）制墨八法之"入麝"

古人制墨多加麝香，谢崧岱认为只加入冰片，不加麝香也可以："墨以黑为本，故于文从黑，其余皆虚文也。古无用麝入墨之事，自宋张遇始用麝入墨，后世遂不免以此为品题，其实墨之佳否何尝在此？如欲略从时尚，可于入盒时用之，亦不必太多（其实冰片等香足矣，不必用麝，多费而实无益）。"

（八）制墨八法之"成条"

古人制墨为块，谢崧岱制墨汁自然跳不过对墨块制作的研究，他在制墨八法中将墨块制作纳入其中，即"成条"工序，一得阁制墨历史上也有墨块制作。

将墨制成固态的条或块，与制墨汁所使用的材质配比不同，固态的墨要多加入胶，谢崧岱自己曾经用竹筒试作过固体墨，用手搓也能成条。他说成条的配料胶要多于墨汁制作："其胶已约倍于常，然磨较市墨犹为极轻。大约今市墨之成条块者，干烟一钱，入干胶必在二钱以外（天潮时墨软如棉，能作弓形，即此可见胶多）。故一成条块，无论胶轻，已落下乘。"谢崧岱发明墨汁后直接用墨盒盛装，也就省去了再制成条块的工序，因为制成条块后还要磨制成汁。谢崧岱墨汁的创制简化了用墨的程序，节省了时间，他说："既成条块，又须磨细，徒为多事。今亦略详其法，以备一格（分送友朋用瓶封固亦可，如将墨瓢风干并可寄远）。"墨盒内的墨汁可以通过风干墨瓢的方法用于远途邮寄，与墨块一样便捷流通。

二、谢崧岱对制墨八法的完善

谢崧岱发明了墨汁后，并没有固守技法不变，而是积年累月地不断研究改进。

（一）谢崧岱论松煤、油烟兴废优劣

"龙宾古法久无传，尽效廷珪永盏然。若是凭空论次第，松煤难与桐争先。"

古人制墨为口传心授，且多是家族传承，因此制墨核心技法不外传，也由此造成一些制墨秘技的消失。后人制墨时所使用的制墨材质优劣多有纷争，在古人使用煤烟材质传承上，谢崧岱认为："古用松煤，南唐李廷珪始兼用油烟，后杨振、陈道真诸家并述其法，松煤之制渐已不传，油烟盛行，今将千年矣。"

从南唐的制墨使用的松煤、油烟及制墨方法，元代时已经有所改变："元朱万初墨，虽名松烟，实是松煤（见《丹铅总录·诗话类》），殆油烟虽盛行，犹间有为之者。明初则无不油烟矣，《集要》一书可据也。"谢崧岱这里所说的松煤、松烟其实是两个概念，但被人们混淆，对此谢崧岱特别进行了说明："并有误认为灶燃松柴釜底所挂者，尤非。"谢崧岱曾经按照《墨谱法式》古法，采用松木置于窑内烧枯："殆如后世作木炭法，故曰松煤。"谢崧岱用此法烧制出"松煤"后："未合法，不适用。然古人松煤自必适用，何可以后世未合法者？概之也。"由此谢崧岱认为，既然古法松煤制法没有流传下来，只是现在人们各自尝试烧制却无法用于制墨，也就没有理由与现行的桐烟比较优劣。"若援经学科目例，凭空臆断……然持此以评桐烟，桐烟未必首肯，持以此评松煤，松煤能不一笑乎？成败论人，千古一辙，然其中有幸不幸，何可周内臆断，以想当然语为定论乎？"从古人流传记载到谢崧岱自己尝试的结果，他坚持制墨要实事求是地下结论，不能人云亦云："既无松煤，从缺为是，余不敢轻訾松煤，并不敢轻许桐烟者，此也。"

（二）谢崧岱论桐烟松脂与桐松合制

"松脂新制异松煤，劲敌桐烟对垒开。从此互争如汉宋，能消门户即通材。"

谢崧岱使用松脂材质取烟，与古人的松煤不同，除了松脂还有桐烟制墨，各有优劣。谢崧岱制墨汁使用的是桐烟，对于古人所记载的松煤方法，他说既然技法已经失传，也就无从评论，他根据自己十几年探究的取烟方法进行了记录，并更正了一些取烟法的概念："余制松烟，系燃松香熏烟。制墨古无松香取烟之说，余意松香为松树精华，姑妄为之，乃竟可用，始于辛巳（事详《南学制墨札记·自序》中），将十年乃成。余取桐烟，本《集要》之法，惟取松烟为余所臆创，既与今人松烟不同，复与古人松煤有异，既有此种将来必与油烟并行，如汉学、宋学互为盛衰而皆不可废。"他的制墨取烟方法与古人不同，也与当时的制墨人取烟方法有异。

1. 桐烟与松脂的优劣

谢崧岱对于自己研究使用的桐烟制墨之法与松烟的优劣进行了简要分析，这也是他制作墨汁采用性"柔和"的桐烟的原因："桐柔柴艳本天然，刚燥松脂以黑传。应自从新评甲乙，须知法已异唐前。"谢崧岱经过实践得出结论："桐烟性柔，松烟性刚；桐烟性润，松烟性燥；桐和而静，松介而烈；桐烟色紫，松烟色黑；桐烟悦目，松烟夺目；各有擅长，皆足以自立，优劣则随人所喜。第松烟迥异松煤，未可援古人之论断为据。"

墨汁的制作配方与墨块有所不同，谢崧岱制墨汁时选用了更适合于墨汁使用性能的桐烟，并生动地描述陈列了桐烟与松烟在制墨中的性能："桐烟近王，松烟近霸；桐烟似儒者，松烟似豪杰；桐有笼盖一世之概，松有不可一世之概。一为动质，一为静质；一为承恩之树，一有气节之操。本性原不同也，故桐如贤贵命妇，德才俱优，自令人敬爱；松如绝世佳人，既负倾城倾国之貌，纵性情稍或乖张，自不能不细意体贴为之优容者，震于色也。余于二家周旋久矣，未审精鉴别者以为当否也。"

谢崧岱在墨汁制作选材上也对不同地域的材质进行了性能比较，不惜舍近求远，选用上等原材制墨："冈桐一名油桐，一名荏桐，一名罂子桐，一名虎子桐，实大而圆，取子作桐油入漆，及油器物、艌船，为时所需，人多伪为之，惟以篾圈捭起如鼓面者真。东南各省皆有其艌船者，惟我省辰油最著殊绝佳（已煎熟矣，不能熏烟制墨）。"除了桐油，谢崧岱说燃灯油也是湖南省土产的名山油为最佳……"外来者名河油，较逊。熏烟制墨得烟多，色黑有紫光，日久不渝。《集要》推为绝品，谓非他油所及，非虚誉也。"

我国的古法制墨，不同原材烧出的烟，所制出的墨色泽有异，清代研究自然科学的著名实验物理学家郑复光言："凡色万，有不齐皆可以五色该之为次其等，白为最淡，深则黄，深则红，深则青，最深至黑而止，是无论何色皆为黑掩。"谢崧岱在经过制墨实践后得出结论："桐烟紫出天然，万难伪造，黑色中不能容他色，并不能显他色也。"这也是谢崧岱制墨汁时反复尝试后首选桐烟的原因："余因佳桐难得，以红与黑合成紫，因研朱砂于灯烟内，以为必紫，写视竟无，又入洋红（即一品红），仍然无紫，翻视纸背，画皆红镶若双钩然，不露于面，乃露于背，真堪捧腹。后阅郑说，乃知色本递加黑中不能有紫之理（或谓墨入他色，纸背必露双钩，不仅红也）。"

唐宋时制墨也用松香，选用老松树流出的脂质，其烧出烟的形态及取烟制墨的时间谢崧岱也进行了试制，他说："熏烟制墨本余臆创，仅据所已试者以烟成穗形，活泼泼者谓良，熏毕即扫即制，稍迟便生疵颣，不似油烟可以从容制办也。佳否入研即知，倘觉有挡挏处即不可用，万不可迁就，致空费功夫、材料也。"

对于烧制松烟的颜色、味道制成墨汁后入瓶效果、试墨效果，谢崧岱进行了细致观察："松香烟万难伪造，其显然者，成烟成汁时已有色可见（烟有黄色，成汁后仍嫩黄），有臭可闻（初成烟时固有松香气，成汁后入瓶入盒松香气仍然扑鼻，并经久不散），固不仅试写时之黑莫与京也（始则皆黄，着纸即黑，格致家必有能穷其理者）。"

桐烟和松烟的性能不同，特别是在入瓶、入盒子之后，谢崧岱说真的桐烟装入瓶子时间长了不搅动也不至于沉底，入盒的时间长了，不翻动也不至于粘底。而真的松烟"一日不搅即沉，数日不翻即粘"。这是验证桐烟和松烟真伪的一种方法。谢崧岱从使用墨汁的效果而论述的制墨取烟的材质之别。

2. 桐烟、松烟合制

谢崧岱很实用地论述了他在制墨汁时体会到的松烟与桐烟的二者不同及鉴别方法，如果把松烟和桐烟掺杂在一起制墨汁效果怎样呢？

"桐烟儒者松豪杰，王道霸功两不侔。若把桐君松以佐，论人恰似武乡侯。"

谢崧岱借鉴古法又不拘古法，研制出了一得阁的"云头艳"墨汁，他采用两种原料合制，并成功制出墨汁，他自己也为此成功之法颇为欣慰。谢崧岱大胆使用合制法，是他对桐烟和松烟性能的研究与熟知，其桐烟和松烟合制的方法："余制松烟，后试将桐、松合制，觉甚适用（名曰'云头艳'，谓艳而又艳也），颇自矜创获。"他将自己用桐烟和松烟创制出的墨汁命名为"云头艳"。

（三）谢崧岱论灯油烟

谢崧岱初始关注制墨，是在国子监见到邻屋的同学在灯上取烟，当他自己制墨研制出桐烟墨汁后，对桐烟和松烟之外的灯烟制墨方法也进行了记录。"桐松以外有灯油，竟尔铮铮异等筹。二下四中非乐正，亦狂亦狷自优游。"可取的灯油烟有多种，京师灯油，或用云苏子、黑豆、花生。谢崧岱在制墨实践中，掌握了灯油烟的性能和灯油烟胜于桐烟和松烟的优点："灯油熏烟亦是佳品，远在煤油（即洋油）、猪脂、芝麻、菜籽各油之上。"灯油烟虽然黑色不如松烟，但没有松烟的性燥；紫不及桐烟，但相比桐烟要黑；且灯油烟性柔质细，加入松烟中能释燥，加入桐烟中能增黑。"用者极易合手，固墨家有用之材，可以通行而必不可少者也，何可因古人未经品题，遂指为必非佳士，无足鉴赏耶！松烟矜重，有不轻于事人之概，稍不当意，即不免拂衣而起，甚非入世所宜，尝为虑之，迩来竟不闻有决裂者，灯烟调停之力也。朋友之益，顾可少哉！"谢崧岱告知制墨者灯油烟取烟的便捷，适合制墨者掌握，对制墨技艺有极好的普及作用。

（四）制墨汁加酒

谢崧岱善于观察生活，对制墨汁不懈尝试，对于厨夫染布、篾匠油布进行观察与思考，得酒发烟之法，在他十几年的试墨中都使用此制墨要法，成为谢崧岱墨汁制作技艺的发明之举。光绪七年（1881年）冬，谢崧岱制烟苦于无技法："犹苦烟无研法，时乡里漱月随余在京，忽忆往年见厨夫舒光元染布、篾匠曾福后油布，皆酒发烟，试之大妙，相沿至今，若定例然，遂为制墨最要之一法，不知古人何以无此，殊不可解。"谢崧岱同人吴子中孝廉立亭评价道："谢生熏烟超今古，独能用酒辟门户。微闻妙制授闺中，遂为墨汁开山祖。"在我国古籍记载中，民间有冬天防止所研的墨冻上，研墨时加酒的方法，谢崧岱制墨汁加酒也预防了墨汁装瓶、装盒后冻结。

（五）把筛烟流程改为搜烟

谢崧岱制墨汁，改变了古法制墨流程。明代沈继孙制墨筛烟是在搜烟前进行，谢崧岱筛烟改为在搜烟后，这是他经历了十年之久才得其法，他说："觉筛与未筛似有区别，心尝疑之（故撰《札记》时已有纱不必极细，亦不必用两层之说）。今年四月，赵秀升侍御时俊纵论明墨，谓本砚墨之墨，随磨随写，自极适用，入盒已不相宜，蒸提犹可，一经过筛，则精华尽丽于纱，所得惟糟粕矣，故明墨合手者卒鲜也，十年之疑至是乃解。所以古人言学必言问，即夫子亦以学之不讲为忧也。"

谢崧岱重刊明代沈继孙的《墨法集要》，落款时间为"光绪甲午长至国子监典籍臣谢崧岱谨识"，此为1894年，谢崧岱已经研制墨汁十

◎ 搜烟图《 墨法集要》◎

几年，有了他自己的一套制墨技法，他在重刊的《墨法集要》中添加了自己的制墨技法，因为制墨块和墨汁的季节稍有差别，如在"搜烟"一节，文尾强调说明墨汁的制作季节："若制松香墨汁六月最宜制，油烟墨汁九月最宜，与此小异。祐生识"。

此外他在"蒸剂"一节文尾加释"若制墨汁，则此条以下自可从略，然不可不心知其意"。

随着制墨流程的改进，谢崧岱对筛烟的工具也做了改进："近用马尾节作筛，光滑不粘，虽似较胜，究不如取烟熔胶时细心为之，得免过筛为妙。"

（六）谢崧岱用胶方法

谢崧岱研制墨汁，在胶法上借鉴了《墨经》一书，《墨经》是北宋晁贯之（字季一）所写："胶不如法，即上等煤墨亦不佳；如得胶法，虽次煤亦成善墨。"明代沈学翁制墨时胶清，所得墨烟细，谢崧岱认为："……然轻而不清，犹之重也，可见古人下字不苟。"对此谢崧岱撰诗："和胶无法累桐松，始信《墨经》语透宗。竟被倪迂全道破，不关轻重在清浓。"

谢崧岱制墨汁用胶，参考了沈继孙用胶的方法——使用鱼鳔胶的时候是纯用，而用九分牛胶、一分鱼胶这样的配比，如果单独用鱼鳔胶，写字时墨会出现缠笔的问题。苏东坡曾有诗写道"鱼胶熟万杵"，也证明了墨用鱼胶，但没有说明鱼胶中是否配比其他的胶，谢崧岱对世人不究技法的人云亦云状况进行纠正："……货墨者无一人肯辩其非，诈言鱼胶良是，由是人信为然，堪一笑也。凡使牛胶，必以好牛皮或作鼓处裁下剩牛皮煎成者方好，若熟皮家刮下皮屑煎成者，则力浅不堪用。胶好方始有力，可以减斤两，用墨因胶少烟多，故倍加黑，名为轻胶。墨色黑且清利于速售，但年远久藏虑恐色退。"

谢崧岱造墨还考虑到存储的时间，长久存用的墨汁配料则需调配："若造久藏墨，须用桐油，烧烟十两，陈年牛胶四两半，陈年鱼胶半两，秦皮、苏木各半两，煎浓汁，搜和蒸杵制之，岁久愈黑愈坚矣……鱼胶增黑，多则胶笔锋，牛胶多亦然。"

攻克墨汁制作方法，是谢崧岱在胶的使用上区别不同材质所烧的烟。谢崧岱反复研究了沈继孙胶法后，经过多年对不同材质胶的使用和尝试后制墨汁改用阿胶，谢崧岱发现不能完全采用古人制墨法，因为制墨块和制墨汁的用胶法不一样，不同材质烧的烟加胶量也有区别：

"……近来多用阿胶，曾用树胶似不甚宜。据《墨林》，曹素功系用阿胶。用胶用水有冬夏、南北之分，墨汁之殊，且有敏钝之异，不能拘也。汁与块用法相反，胶法亦然。成块之胶贵力大，方可减斤两用。成汁之胶贵力细，大则不免于冻矣。桐、松性相反，用胶亦然。桐贵清，松贵浓，此又胶之因烟而异者，具有精微，须分别细领也。"

《墨经》用胶为"重胶法"，《墨法集要》则忌胶光，谢崧岱在制墨汁时发现，墨汁如果风干后，加入水反而色加重，这是因为："水入墨后胶松，胶松则色显，故色不减而反加。"谢崧岱为鉴别墨的胶光，使用不同的纸张和在不同的光线下进行试验："分真假两种。白昼无光，灯下有光，白纸无光，红纸有光者，是为假无光；灯下、红纸无光者，乃为真无光。然不光防浸，不浸防光，此胶法所以难也。"

谢崧岱制墨汁在胶光上经历了很长一段时间的摸索："癸未至戊子专用真无光，己丑犹然，后渐为假无光，且至真有光行愈盛，去初心愈远矣。数年来，指索真无光者，张巽之太史孝谦一人而已。"

精益求精以制作出好墨，是谢崧岱不懈的追求，同时每制出墨他都要先自己使用，并观察利弊，以备改善："……求精，应试则以假无光最宜，盖卷本白纸，阅系白昼，本与真无光无异，并防阅卷者偶然不慎，反误事耶。余住学时喜用最清汁写札记，然偶遇启卷不谙司马公法者（指搓、指刮皆是），即不免擦污，后稍加重乃免斯弊……"

墨分优劣，在和胶。胶的加法和配量，直接反映在墨汁书写的运笔上，胶加得适量，才能既不涩笔，又不浸纸："墨以下笔微浸而竟不浸者为入胶化境，过此则竟浸矣。其清为何如乎？故有光易，无光难，色浅而不浸易，色深而微浸难，然此可为智者道，品愈高则用愈难，岂仅墨为然哉！故入俗之墨反以浓重为宜，苟非自娱何必居难售之货，徒令歌者苦而知者音稀耶（胶光麝香本是下乘，乃制者或薄而不屑，用者或反以为贵，岂多胶入麝之果为难事耶？天下事之类此者亦多矣）。"

和胶技法制墨块和墨汁有别，在于所使用的盛墨器物，谢崧岱认为现在使用墨盒，并不是古人拙而今人巧，古人用砚，今人用盒，只因为时代不同而已。"用砚必块，自不能用成汁之轻胶；用盒宜汁，自不必用成块之重胶。成块，轻重限于块，轻则不能块矣；成汁，轻重操诸我，极轻犹可用也。能胜古人者，以盒胜砚，汁胜块，非人胜古也。"

谢崧岱不断提升产品质量，追古人佳墨，求墨汁与墨块同效果，经常用古墨试笔进行分析，戊子（1888年）三月，他用同乡掌户科洪祐臣藏的一枚古墨与自己所制的云头艳墨进行试墨比较："白折间写光色无殊，莫能分辨……云头艳无可再轻，不意块墨竟有如是者（非胶一样轻，必不能光色一样），当日制法真令人不可思议。若改为汁，不胜余远甚耶，所见块墨惟此为最，以余言之，百倍黄金不贵也（此墨系油烟，系牛胶，大抵用胶力之极大者为之，故能如此，余所以断为沈氏所制）……古墨用漆，故坚而光；今只用胶，故数径霉湿则败矣。"

谢崧岱家藏有歙墨："携至京师，冬月皆碎裂如砾，而廷珪当时正在易水得名，恐用漆之说，或不诬耳。"对于古人和胶之法，谢崧岱翻阅大量古人制墨法进行分析，他关注到古人制墨是否在加胶的同时也加漆的配法："赵秀升侍御谓明墨佳者不仅用胶，实兼用漆，并谓漆为衣者，光也，紫也、艳也、坚也，皆漆也。块本砚磨之墨，随磨随写，故极适用，入盒已违其性，谚云'漆见水如见鬼'，况蒸之、提之、筛之、陈之，尽去其墨标而得其渣，尽失其漆利而得其弊，用非其道，安适用哉！"传古人有"墨入熊胆"之说，谢崧岱认为即使曾经有此法，对于他研制的应对考试的墨汁来说也是不宜用的方法。谢崧岱曾经尝试过用猪胆汁、羊胆汁制墨，但都无益。

（七）谢崧岱论盛装墨汁的器物——墨盒

谢崧岱研制出墨汁后，自然要解决盛装墨汁的器物，清代一得阁多使用墨盒，并与琉璃厂錾刻墨盒的名家互相关照，笔者在撰写此书时搜寻到的一得阁玻璃墨瓶为民国时期的，未发现清代的玻璃墨瓶。"铜铸无须费砚磨，端溪谁肯复重过。苏晁李沈生今日，也是金壶注汁多。"

此诗描述了用墨盒的好处，即使是古代的制墨仙人们到了此时也是要用金壶装墨了。使用墨，固体与液体的墨品方法、器物不同，谢崧岱对此做了分析："古用砚无所谓盒，墨盒者，因砚而变通者也。块而砚，砚而盒，盒而汁，古今递变，亦其势然欤。古作者生于今日，亦不能易块为汁，然求始于何时，创自何人，终无确据。"

光绪十一年（1885年）冬，谢崧岱同学阮申重、任大令，和谢崧岱谈及家藏墨盒，考据墨盒是始于道光初年。谢崧岱也曾多方考据墨盒的初始年代，并记载了当时琉璃厂墨盒技艺人，成为后人研究铜墨盒的重要依据："闻琉璃厂制专业墨盒者，始万丰斋；刻字于盖者，始陈寅生茂才（麟炳通医、工书，自写自刻，故能入妙，近来效者极多，竟成一行手艺。然多不识字，绝少佳者，固无足怪），店与人犹在，实盛行于同治初年，今则穷乡僻壤无不舍砚而盒，适用实较砚便也（闻我省始于咸丰六七年），此固历朝所无，独为我朝创制最为利用之物，惜创者不传，先辈著述中亦无有详记源流如宋人之于端砚者。"

历史以来，世人磨墨块使用砚台，墨汁初发明，如何盛装墨汁，用什么材质的墨盒都还是空白区，为指导使用墨汁者使用墨盒，谢崧岱研究试验后告知世人，对什么材质装墨汁容易发臭等细节都做了析述："金瓷皆可为盒，然惟红铜（即紫铜）最宜，白金、白铜皆极坏墨者也（铜面瓷里坏墨与白金等，玻璃亦然。凡色白者盛墨必臭，殆生克所致，格致家必有穷其理者）。现通行者皆白铜面红铜里，适用雅观，深合'智圆行方，体用兼备'之义，其创制必文人工书而又能细心穷理者，断非工匠辈所知。"

用于墨汁使用的墨盒除了材质，在形状上也有讲究，当时墨盒的形状有方、圆、椭三种，椭圆形的最为适宜，圆形的次之。"正方、长方皆无取焉。盖墨汁全赖墨瓢内含墨盒外裹，若墨瓢不敷铺底，则无瓢之处皆聚水之区，水流瓢外，墨含瓢内，是墨与水脱矣，蘸瓢上之墨必浓而胶笔，蘸瓢外之水必淡而浸纸。方盒有角，每致墨与水脱之弊，故墨盒形制亦不可不讲。"选择使用墨汁的墨盒，以能让盒底的丝瓢与盒器形妥帖在一起为上。

三、谢崧岱论墨法，墨和墨盒之间的辩证关系

"不羁本自异疲驽，驾驭须教与众殊。若是寻常待国士，奇才那肯效驰驱？"

液体墨和固体墨的使用差别，初使墨汁者并不熟知，谢崧岱广播福惠，著文以指导人们正确使用，他用通俗易懂的比喻讲解，形容文房的笔墨犹如枪炮和田间的耒耜，是相互依存的，相依为命而不能相离："虽枪炮、耒耜不必自制，笔墨不必自造，然用法则断不可不讲。不深求用法，何由得其妙而适于用哉？墨盒之于砚犹泰西枪炮之于旧制，墨汁之于块犹螺丝炮弹之于圆子，胶之轻重犹火药之迟速耶。"使用者如果不熟知用法之道，即使得到最精准的炮，也无法命中目标，不得法不但不如土炮，犹如无炮一样。"盒之于砚犹是也，倘螺丝之炮用圆子，圆子之炮用螺丝，不惟不合用，且必炸而伤人者，违其用也。块之不宜于盒，汁之不宜于砚，不犹是耶？一秒之引药用二秒之法，二秒之引药用一秒之法，本铜冒者用引线，本引线者用铜冒，欲其合用也，得乎？"因此，使用胶轻的墨不能混同于胶重的墨，更要区分陈墨和新墨。

光绪九年（1883年）秋，与谢崧岱同职国子监的少司成舜臣先生治麟（颜札氏，字舜臣。光绪三年进士。官至国子监司业。以孝友称）与谢崧岱谈及机器与人的关系："不患机器难制，患用机器之人与用机器不精，有器无人能用与无器同，用器不能尽器之用与未用同，制者不必即用器之人，用者可出制器者之上，止宜作育人材讲求用法……"其意是用机器的人不必自己造机器，犹如使用笔墨者不必自造笔墨，谢崧岱与治麟的这番讨论，依旧是谢崧岱以哲学的观念理解墨汁使用之理，"即于墨亦然"。

一般非遗项目，核心技法是不外传的，但谢崧岱在清末发明墨汁后，为传播墨文化，引导民众使用，著书进行解读，旧时文化传播渠道非常有限，唯有书是最好的推广平台："块为研磨之墨，汁为入盒之墨，制本不同，用法亦异。块不宜盒，犹汁不宜砚。用块磨汁入盒，已违其用，况又不以用盒之法行之，不违用中又违用乎！"

谢崧岱之所以要说明推广墨汁和墨器的用法，是他见到有人用墨汁的方法不对，反而怨墨汁的质量不好，他讲道："墨如色佳即是墨佳，犹炮能及远即是炮好。合手命中与否在人不在物，盖墨与炮本无知觉、运动之灵也。"

使用墨汁的要法，与书写者水平和习惯亦有关，书写速度越快越适宜使用胶轻的墨，就像狂奔的骏马一样，是因为善于驾驭的人驾驭得当而能疾驰，如果换成不善驾驭的人，骏马的作用也就发挥不出来。谢崧岱认为："非墨不合手，手不合墨也。故善书者之厌胶重甚于善御者之厌疲驽（胶轻墨，迟钝者用之必浸，善速者不惟不浸，且必赏其流利矣）。用合法，土炮亦能命中，不必洋炮。不合法，洋炮亦无用之物，砚、盒、块、汁岂有异乎？"

谢崧岱深入浅出普及用墨之法，告知用者，如果购墨不讲用法，就像读书不知道书的体例一样，就算是花费重金收藏万卷书，也是无用之物。"故制者，胶法为难；购者，用法为要。不能尽物之性，安能尽人之性？物且不能用，何有于用人？故凡善用墨者，皆可断其善用人"。

若不掌握使用墨汁的正确方法，所书写出的文字也不可能达到自己满意的效果。清朝官员冯莘垞与谢崧岱观点相同："器不必自制，惟在讲求用法。"

墨汁倒入墨盒，使用效果与墨盒里的墨瓢也有关系："墨瓢干枯如人酣睡，一旦泡发，精神奋足，更胜于前，是谓睡墨，无论久暂，无论桐、松，胶更醇，质更细，无不绝佳者。"谢崧岱使用时，把墨瓢用开水泡发一夜，即能复原。

笔者少年时用墨盒不知翻底，有的墨瓢用了大半年也没翻过底，读谢崧岱墨文，才知晓墨汁倒入盒中，使用一段时间后是需要翻底的，至今，用墨盒者知道此道理的也未必众多。谢崧岱对翻底技巧做了翔实介绍："用盒固须翻底，然寻常写字不翻，亦惜墨之一法。翻底须小签，不宜象牙板挑（蘸墨多，难擦，干后成结，易落盒内）。水盒万不可少（瓢用净棉），洗笔、洗签、添盒均极相宜，且无耗费散，不在纸即在盒，久之水盒成好墨盒，入场不致仆倒，较壶稳便，此闻之刘幼丹侍御心源，皆用墨不可不讲者。"

人们使用墨块历史悠久，已经掌握了其性能及用法，而墨汁发明后，使用方法一时不被人们熟悉掌握，谢崧岱告知天下辨识方法，好墨还需好写手："墨不如水不算好墨，用墨不如用水不算好手。一笔墨不能写大卷两行不算好墨，一笔墨不能写大卷两行不算好手（白折三四行为率）。"在谢崧岱的朋友中，用墨汁写字工整且速度快的人有"夏漱衡农部声乔、鲍叔蔚比部琪豹为最。此不过试笔墨力量究竟，一行已可，因提行时本应停笔也。赵秀升侍御谓白折大卷一笔一行为妙，写屏联亦然，否则墨不匀，字不贯"。

以上是指在制墨时，加入的胶轻，蘸一次墨写成的行数。但如果墨汁中胶重就不同了，对此谢崧岱精细到用笔数进行说明，因为在国子监考试中，蘸墨次数也会影响到答卷的时间，使用胶重的墨，写大卷子，三四个字就要涂笔，若用块墨多也不超过七个字。"以四字计算，每行六笔共五百二十八笔，较一笔一行者多四百四十笔。以一涂误一字计算，迟误四百四十笔即迟误二十行（三字涂迟两开），则一笔一行者即迟写二十行，亦同时完卷"。

用墨之法直接关系到考试时间和考试成绩："场中分秒皆金，用墨涂笔之法，窗下已不可不讲（大卷无横格，立法之意本令畅言，固不限数不发格。现行二十四字之式，不知始于何时，闻许少鹤、吴子蔚两太史并云：见乾嘉时卷，每行字数多参差，并有一行多至三十余字者）一笔墨足写大卷两行者，重约一厘（不足一厘，姑一厘算），每卷四十四笔足矣。即一笔一行亦只八十八笔，需墨四分四厘，则墨汁一两足写二十卷。愈快纸吸墨愈少，慢亦在十五卷外。白折例推特过少，不便用耳，所需实在无几（盒较砚便，然用墨较费，因过少不便用也）。"谢崧岱如此精细地研究用墨，细到每个字的笔画和一笔蘸墨可以写就多少个字。

至于墨块的用法，谢崧岱提醒研磨墨块时一定要用水，而不能加墨汁研磨，墨块墨要徐徐研磨，上下直研，不能歪墨一侧，上下有序地慢磨，研磨出来的墨无沫、清澈；如果急匆匆纵横胡乱研墨，不讲章法，研磨会出现沫渍，不利于书写。"用则旋研，毋令停久，停久则尘埃相杂，胶力隳亡如泥，不任下笔矣。霉天用墨，研过便拭干，免得蒸败。凡用墨须滴水研之，不可以墨入砚池拥水也"。

具体墨汁用法，谢崧岱研究使用十余年，总结出"四宜和八忌"之法，他所说的"四宜"是指用小楷毛笔书写。

（一）四宜

第一，"宜瓢多而平"（盒口向下，汁不外流为度），指墨盒内所铺的底瓢要充足，把瓢铺平整。但使用不同的毛笔，对瓢的要求也不一样："屏联直可无瓢，寸楷只须少瓢。则小楷之宜多瓢理不可对勘耶。谓块墨磨汁者瓢贵少，亦非确论。胶重墨瓢少犹可，胶轻者必不可用矣。"

第二，"宜翻底铺平"（无论大书、小楷，一也），是指墨盒内置瓢后，使用一段时间后要上下翻动。"墨色在底犹之龙珠在颌，蚌珠在腹，知所在而取之，百不失一……"不论是墨块还是墨汁，倒入盒内都要翻底。

第三，"宜涂笔即写"。此法是说写字时，毛笔蘸了墨后，要即刻进行书写。之前研块墨用砚，人们习惯蘸墨书写前在砚盖上抹匀笔尖，那么用墨汁是否需要这个程序呢？"涂笔即写，本极快事，须盖上涂笔者，由瓢少致笔上墨多，欲盖为之拣少耳。何如即瓢为盖，涂笔时即为之拣乎？盖仅能拣，瓢并能吐，或拣或吐，随我所欲，胜以盖为盖万万也。墨贵少，瓢贵多，其理不易见耶！"

长久以来，人们书写时常在墨盖上拣笔，谢崧岱提出使用墨盒则应该有所区别，"既用墨盒，自应以墨盒法行之，况盛行已四五十年，似不应仍沿旧制习矣而不察"。

第四，"宜随瓢加水"。墨汁用时间久或者长期敞开墨盒，墨汁会逐渐变浓甚至凝结，必要时需要加水："须加水时即宜加水，敏钝各殊，合手为度。"墨汁浓淡适宜，书写起来才顺手，也才能达到书写的效果。

（二）八忌

第一，"忌墨浮瓢面（致须涂笔于盖）"。是指注入墨盒的墨汁要和瓢融合一体，相互帖妥。

第二，"忌提瓢成堆（致墨与水脱，百弊丛生）"。墨盒底部的瓢要均匀铺平，如果瓢堆杂在一起，会造成墨汁与水不融合，蘸笔写出来的字色泽也不均匀。如果用胶重的新墨写楹联，寸字大小，可以暂时使用，如果用胶轻的墨写小楷字，无论是墨块还是墨汁，都不合用。"瓢既成堆，必水绕四维，瓢稠水淡，弊不胜言，非平推翻底使泛滥之黑水由瓢中行，断难合用"。

第三，"忌涂笔于盖（致恰好者亦浓）"。是说使用墨汁与用砚磨的墨块不同，无须在墨盒的盖上涂笔。

第四，"忌无故加水（致恰好者过清）"。墨瓢在墨盒内加入墨汁后调和到适宜自用的效果即可，只有在墨汁浓、干必须加水时再加水。

第五，"忌用不翻底（致色浓者亦淡。松烟尤忌）"。

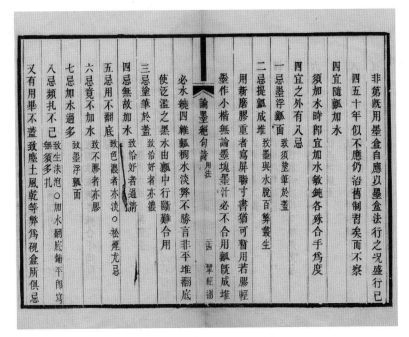

◎《论墨绝句》八忌 ◎

第六，"忌竟不加水（致不胶者亦胶）"。墨汁中有胶，胶浓的墨汁蘸笔后会出现拉不开笔的情况，所以要适当加水。

第七，"忌加水过多（致墨浮瓢面）"。根据瓢含墨的浓度加水，水加过多，墨色则变淡，难出书写效果。

第八，"忌频扎不已（致生沫泡。加水翻底铺平即写，无须多扎）"。书写毛笔字的时候，也不要把笔在墨盒里频频扎瓢蘸笔。

谢崧岱特别强调，使用完墨盒，要把盖子盖上。"有用毕不盖，致尘土风干等弊为砚盒所俱忌者，殆精神不周，故篇幅不及修矣，然论者谓颇关福泽云"。

（三）谢崧岱论墨汁的光色及胶光

不论墨块还是墨汁，鉴别品质，试笔后观察墨写出的字光色如何，不同品质的墨，呈现出的墨色不一样，有紫光有青光，也有苏东坡比喻的如小孩儿眼睛般的光泽。"紫黑青光品若何？儿睛妙喻出东坡。鱼牛倘使全无采，翻恐都如少见驼。"

对墨汁在光色及胶光的鉴定上，谢崧岱主要以《墨法集要》为参照，沈继孙将墨色分为紫光、黑光、青光和白光几个色系，墨的颜色紫

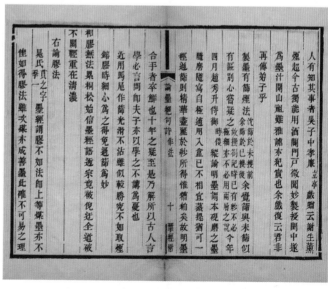

◎《论墨绝句》胶法 ◎

光最好，黑光次之，青光更次之，白光则为下品。鉴别墨汁时光和色都不能偏废，以久用不污浊为贵，忌讳不考虑胶光。"古墨多有色而无光者，盖因蒸湿败之使然，非善者也。其善者黯而不浮，明而有艳，泽而无渍，是谓紫光，墨之绝品也。以墨试墨，不若以纸试墨；或以砚试，或以指甲试者，皆未善。"苏东坡说，世人看墨好坏的时候主要看墨是不是黑，而不看光色，如果墨只有光而不黑，自然为弃物；如果只黑而没有光色，写出的字"索然无采，亦复无用。要使其光清而不浮，湛湛如小儿目睛，乃为佳也"。谢崧岱经过对不同批次的墨汁进行比较试墨色后："系画眼形，一为珠，一为瞳，合墨试纸，试为一法，无遁形矣。墨分成色与金玉无异。"同样的墨，黑色有深浅，就像同样的金子一样，都色黄，却有老、嫩之差，"同一玉而白有等差，比观立见。若墨不比写，洗笔之水何尝不黑于纸耶"！

笔者曾在一得阁长阳墨汁厂见过试墨员田淑卿试墨，墨汁制好后在水泥储墨池中放置24小时后，取样进行试墨，写到纸上的墨字除了肉眼观察外，还要用专门的机器测试。墨色、墨光及附着力等都要观察。试墨传统在一得阁自谢崧岱时起一直传承至今，其中色为本。"墨光、色不可偏废，固持平切实之论。然色，本也；光，末也。宋人重黑犹不失其本，今人取光又误取胶光，末中之末也。第胶光盛行之际，胶如过轻，反来'言马肿背'之怪。"

四、谢崧岱论制墨必读书

谢崧岱作为国子监典籍，平时根本接触不到制墨技艺，其家族也与制墨毫无关系，为方便学子考试能节省磨墨时间，受同学灯上取烟之举启发，萌生制墨汁想法。谢崧岱让想法成为现实的渠道是读古人留下的与制墨相关的书，这是他创制出墨汁的简捷渠道和理论根据。他说："制墨先须求字工，读书未破楷难通。从来健笔多如许，几见名家腹是空？"

谢崧岱读书受家族影响很大，其祖父、父辈们不但博古经文，还撰写书、重刊书，故此他养成了做事读书的习惯，并通过切身体会论辩欲做事与必读书的关系及墨与书写的关系"能勤临池者，自深识墨性也"。苏东坡有诗："退笔如山未足珍，读书万卷始通神。"谢崧岱认为，世上没有一件事情是不多读书就能成功的，要成功做成一件事情，还要读这个事项所涉及的专业书："……读尽专门之书。制墨自小道，其须读专门之书则一也。写字为制墨之原，读书为写字之原，不能写者墨且不能用，何有于制？不读书者字且不能识，何有于写？故非能写者必不解制墨，非读书者必不会写字。……探原之论，圣人复起，不能易也（'书'本'六艺'之一，古人列之小学，后世归入艺术，不过与射、御、弈、画皆艺之雅者耳，后人视之过重，非也）。"谢崧岱认定凡艺皆有师，有的人读书多而书法不好，是因为无师承，不过虽然书法不好，因为读书多，书法断不俗，一个人是不是"积学之士"，一看字便知，"此即通神之说"。有读书多而书法造诣不高的人，一定也比书法不高读书也不多的做事成功率高。"亦有胸无一卷竟负俗誉者，此又当别论，匠气逼人不耐观矣。然由读书者老且益工，习匠派者未老早拙，此所由别也。"

谢崧岱创制墨汁，深得益于读古人书，他读《谱录提要》一书得知了墨的源流，读《墨法集要》后知晓了墨的制作方法……不仅读，且能按照其法进行操作，谢崧岱说："读书贵心得，仅耳得、目得、口得、手得者，举不足恃。写字作墨，庸独异乎！"

以上制作墨汁的技艺，出自谢崧岱所著的《论墨绝句》，笔者在归纳一得阁创制时期谢崧岱墨汁技艺流程中，得到了甘肃兰州魏三柱的无私相助和认真审校。

谢氏家族除重刊《墨法集要》，在光绪年"湘乡掔经榭谢氏"还重刊了其他一些书籍，如《论语拾遗》一卷、《孟子解》一卷，所印内容为《钦定四库全书》经部，四书类。

五、谢崧梁对一得阁制墨技艺的改进

中国文化传统中，不论文人雅士还是宫廷官宦，都有崇尚文房之好，宋代的苏易简，著写了《文房四谱》一书，书中记录了纸、笔、墨、砚。谢崧梁的《今文房四谱》则略去了《文房四谱》中已经记叙的内容，把重点放在了与一得阁墨汁紧密关联的盛装器物上，根据当时使用墨汁者用盒盛装的特点进行了墨汁与器物之间的论证，这本书指导人们如何正确使用墨汁，是我国墨史上一本有历史价值的书籍，也反映出当时士大夫们用墨汁之普遍："今世士大夫既舍砚用盒，故只及盒不及砚……《书谱》云：'书有乖合，合则流媚，乖则雕疏，略言其由，各有其五：神怡务闲，一合也；感惠徇知，二合也；时和气润，三合也；纸墨相发，四合也；偶然欲书，五合也。心遽体留，一乖也；意违势屈，二乖也；风燥日炎，三乖也；纸墨不称，四乖也；情怠手懒，五乖也。乖合之际，优劣互差。得时不如得器，得器不如得志，若五乖同萃，思遏手蒙；五合交臻，神融笔畅。'"

前人曾认为"纸墨为重，盖纸墨不称，虽四合交臻，亦难神融笔畅……"谢崧梁强调墨与纸、与器之间互为"合性"才能得心应手写出好字。"……纸、笔、墨与盒各有性情，不得性情亦不能相发，故又曰'得器不如得志'也。"

（一）墨汁使用中与器、纸的关系

1.从墨落纸上后看墨的性能

谢崧梁试墨实践后归纳墨与纸的相合关系，他说蜡笺、朱笺、院红之类的纸面光滑粗浮，这类纸上用墨汁写字"全不受墨，墨浮纸面（蜡笺为最，非胶重墨汁必粘不住。试以蜡笺写成，用湿手巾一抹，依然新纸，是全不受墨之试验也。朱笺、院红之不受墨，则以粗浮之故），故不宜上品墨汁。惟胶光极重者最为相发（块墨磨汁亦无不宜），若用上品，多费而不宜（虽有佳墨，其如浮滑不受墨何？所以须胶光极重者乃相称），现行西洋纸张大都如此"。

通常所用的宣纸、夹镜、连四之类的细涩纸张，与墨相合，但需要用较好的墨汁"能受墨，宜上品墨汁。然受墨最速（连四尤甚），非运腕力者不能胜任愉快（高丽纸更须斫轮老手），故腕力弱者不惯写此等纸（用白蜡磨擦受墨较缓）。细泽而受墨者惟白折大卷，不疾不徐（大卷虽仍连四，因底而有浆，固受墨较徐），最宜上品、绝品墨汁。墨不滞笔，善书者不难一挥十余字或二十余字，此各种纸之性情也。"纸、墨相合，蘸笔后能一气写就更多的字。

2. 用墨汁书写，要选择合适性能的毛笔

谢崧梁总结墨汁、毛笔二者相合的方法，根据各种笔的笔性决定蘸墨量和笔浸墨的位置，比如羊毫毛笔适宜在墨汁中透发，笔蘸墨汁要饱满，写起来才挥毫如意。使用小管的羊毫笔写蝇头小楷，蘸墨略浅一些，笔尖注上墨汁即可。羊紫兼毫，是羊毫和兔子毫合制的笔，这种笔相对便宜，墨注笔尖即可。发墨也要掌握技巧，"若太发深，虽濡墨饱而墨不注尖；太发浅则濡墨少不能多写，且易坏笔，浅发濡墨少，笔固易坏，且写一二字即要濡墨，窗下尚无妨，场屋耽搁工夫而不觉。净紫毫较兼毫又宜略为深发，乃能笔酣墨饱，指挥如意，且不坏笔（浅发之弊与兼毫同，然浅发弊多，深发弊较少也"。如果用狼毫笔，需要深发墨汁，但浸墨到笔根就可以了。

（二）墨块和墨汁在使用时的区别

谢崧梁较为精确地量化了墨块与墨汁使用时的方法，其言，条块墨用端砚磨成浓汁，每钱的块墨可以磨墨液汁三钱，自辰至酉可磨块墨四钱，磨好后要用纱罗滤去渣滓。块墨都有渣滓，初入墨盒特别凝滞，原因是墨中的胶重，等过十天半月后则又变清浸纸，是因为墨中的胶逐渐化了，夏季和秋季墨不过五八天就会浸纸，解决办法是把墨重新倒入砚台里再磨一次，只是效果差些。

其次要观察棉质墨瓢的颜色，"滑滞炫目，及濡笔著纸，则光色灰白而浮"。这种情况不是因为墨不黑，而是由于纸的灰白。用胶清墨写字灰白立见，灰白色是因为墨轻，光浮是因为胶重。写字的时候书写一二个字就要濡墨，即便是写字快的人也不过写上三四个字而已，而且毛笔还容易坏。遇上风燥天气或者炎热天气，写字时笔更加凝滞，这种情况出现全是因为胶重了。"添水则浸（总是墨轻），盖无十倍于墨之胶不能成块，且难图绘炫俗，既成块则胶墨相融，虽百蒸百提安能提出极重之胶而存轻微之墨哉！夫墨系烟制，性本轻浮，松鬆不压分量，全赖胶多乃能成条块而压分量。"因此善于识块墨的人必会取其轻，以适

◎ 一得阁墨汁及染料 ◎

应块墨之性。

（三）谢崧梁自制墨汁

宋代以前，士大夫多使用自制墨，这在古籍史料中有些记载，如苏轼在海南自制墨。"如苏子瞻（苏轼）、晁季一、江通、张遇、谢东、陈瞻，其最者也。故工者之名多不显，后乃稍稍出，如李廷珪辈是已。近来士大夫多自制墨汁，类皆出自心裁，各有擅长，亦有用墨块磨汁而名自制者。"

谢崧岱、谢崧梁兄弟制墨汁的方法，看似自创，"其实取法于沈氏《墨法集要》者十之八"，这是谢崧梁书中所言，唯有取烟、和胶略参考了苏东坡的制墨方法和《晁氏墨经》的技法。"家兄著有《南学制墨札记》，系照墨块古法而变通者也（非故欲不成块，因古用砚成块为宜，今用盒成汁为宜。既成块而又须磨汁，徒为多事，曷若未成块之际先使成汁也）。"谢崧梁通过自制墨汁发现，墨汁用法与墨块磨成的汁是相反的，把墨汁加入墨盒，盒里的瓤不宜太少，加的墨不宜太多，"能盛二两之盒只盛一两尽可够用，且使易于挑拨翻底"，墨汁量以墨盒里的瓤饱和又没有浮墨为合适，一旦墨加多了浮到瓤以上，弊端是濡笔后需要把多余的墨在墨盒盖上进行反复涂笔，成了非常耽误工夫的费事之举,用者却未必觉晓,若开始习字更是不宜。如果每天把墨盒里的瓢挑拨一两次,翻转一下瓢底,让瓢中的精华湛然外生,就能达到"濡笔即写,不须再涂"。长期敞着墨盒,墨汁风干了,就添点清水,把瓢拨匀再用,墨汁不仅不浸,也不减色,墨盒内的墨量适用就行,不必遽然添墨。"黄连、元参等水俱不可用。添水数次,再添墨汁。风干者,非墨干,其汁干也。故添水而仍不浸、不减色,然频添不已,则汁馨矣。添汁亦不过数钱,多添反不适用"。

谢崧梁自制的墨汁"质性清腴,湛若点漆,故翻转瓢底(凡翻瓢底仍须将瓢拨平,毋使浮墨围绕四维),光色更艳,全不滞笔,是又自制墨汁之性情也"。谢崧梁指的自制墨不包括墨块研磨后的加工品"坊间墨块磨成者,虽加蒸提,止可谓之磨,不得谓之制"。

古法制墨原不加麝香,到了宋代张遇开始用麝香入墨,后人则随其艺开始加麝香,谢崧岱对于制墨加麝香不持赞赏态度。谢崧梁观点:"遂不免以此为品题,贵耳贵鼻,同是一弊,古人已言之矣,其实墨之佳否何尝在此,不过欲炫目先眩其鼻耳。并察验有片麝者入纸较深,无片麝者入纸较浅,则考试之墨更不以片麝为宜矣。定欲用之,入盒后添入少许亦无不可,究无甚谓也。"

(四)不同材质墨盒如何与墨汁相合

墨汁发明后也出现了商家把墨块磨汁后出售的情况,在琉璃厂就有店铺出售,谢崧梁说:"因砚而变通者也。因块墨用砚(晋人尚砚之凹者,取其贮汁,唐人始尚端石),因砚而用盒,因盒而用汁(近来京师南纸店,亦兼售块墨磨汁),古今递变,亦其势然欤。然求其始于何时,创字何人,尚未得其确据……墨盒盖上刻文镌画,则始于咸丰年间,盛于同治年间,盖创制不远,约未百年也。论其适用,实较砚便。"

墨盒器形不同,形制有长、方、椭圆、圆四种,盛装墨汁后使用的效果也不同:"……适用椭为上,圆次之,其边不宜太浅(瓢少不敷铺底,瓢多必致平口)。正方、长方皆无取焉。"

这是与墨盒里要铺垫的瓢有关:"盖墨汁全赖最墨瓢内含,墨盒外裹，若墨瓢不敷铺底，则无墨之处皆聚水之区，水流瓢外，墨含瓢内，是墨与水脱矣，蘸瓢上之墨必浓而沍笔，蘸瓢外之水必淡而浸纸，水墨既脱，百弊丛生（方盒之四角，瓢一不敷每生此弊。有友人借用墨盒，比时试写极佳，过一二日即持盒来，谓墨变坏矣，浓则沍笔，清则浸纸。启盒视之，见其瓢堆中央，水绕四维，盖彼以块墨磨汁之法用之也，即为平其堆翻其底，使泛滥之黑水由瓢中行，再令试写，仍如旧矣），此各种墨盒之性情也。"谢崧梁解释墨盒的用法比谢崧岱书中所记述更为详细。

谢崧梁谈及几种金属制墨盒的性能"兹惟论各金性情及宜墨与否而已"。

1. 红墨盒（紫铜）外饰似无足观，然论宜墨兼能经久不坏，则无出其右者（用壶贮汁亦宜红铜）。

2. 白铜盒虽甚适观，然其不宜墨，且极坏墨（白铜盒盛墨汁不过数日，必致臭味熏鼻），须红铜为里方能适用。

3. 白金盒转不如白铜之光滑饰观，其坏墨较白铜尤烈（白金盒盛极上墨汁，虽多入片麝，不过数日必甚于西子之蒙不洁矣），若论适用，殊无取焉（瓷里墨盒及玻璃瓶盛墨汁，其坏墨皆与此无异）。

4. 黄金为盒，想必壮观，宜墨与否，未经试用，不敢谬评，未知果优于红铜否也。夫白铜为盒红铜为里上镌字画，亦极适用而雅观矣，何必耗中人之产贻玩物之诮耶。

古人，特别是文人雅士，官府职人，都很重视纸、笔、墨、盒的款式、质量，逐渐形成了求其精良的愿望。"古人所谓乐事也。合而观之四者咸重，分而论之纸、墨为先，盖纸、墨宅于实而能传之久，笔与盒只取其宜墨、合手而已矣。善书者必善用笔，虽有疵病，转能因而用之，字画流媚，掩映行间……能得其性情耳。如是曰乐，则真乐矣。性情未得，遽曰'纸、笔、墨、盒之不佳'。"

谢崧梁既研究墨汁，也研究国学，他和哥哥谢崧岱一样，博览古人之作，撰写个人之著，他著有《六书例说》等书，在很多古籍资料中有记载，也是研究我国国学的重要资料。

◎ 清《六书例说》谢崧梁 ◎

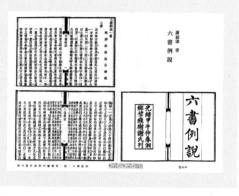

◎ 谢崧梁著《六书例说》收入《说文解字研究文献集成》古代卷第十二册 ◎

六、徐洁滨研究墨汁及西洋墨水的优劣

1937年，在《青年月刊》第四期上刊发了徐洁滨撰写的《墨水和去墨水液的制造法》。

（一）墨汁和墨水的优缺点

徐洁滨分析了中国传统墨块制作技艺流传到民国时期所保留的内容，墨汁的缺陷及西洋墨水的优点，"这种不溶性的碳质，虽然对于酸碱的侵蚀具有很大的抵抗性，但是在使用上十分不便利。对于时间上亦不经济，所以最近始有中国墨汁的制成，这种墨汁还是仿旧法，只由固体变成液体而已。其中成分尚多为油烟和胶质的混合物，不易流动，不耐久，固着力不强，易生游离碳，温度较低的时间长凝固。有此多种缺点，使用的人渐渐少起来。究竟西洋墨水儿具有什么优良的性质呢？不用我说，大家亦能体会到，像液质稀薄，流动容易，颜色经久，容易干燥，不透纸背，固着性强，不因温度过异而变形。都是比较中国墨水儿好的地方。中国墨汁的制法是多半属物理性的。"

（二）当时墨水的种类

徐洁滨所谈的是在笔记本上书写用的笔使用的墨水，当时中国传统的以毛笔、宣纸为书写工具的格局发生了巨大变化："为鞣酸铁墨水和有色墨水（蓝墨水）红墨水，绿墨水，紫墨水……这里只来谈谈通常最多用的鞣酸铁墨水、蓝墨水、红墨水和一种特殊墨水——隐形墨水……

鞣酸铁墨水是以鞣酸为主要原料，书写后表现墨蓝色之墨水，我们常用的所谓变色墨水就是，初写的时间仅仅是浅浅的淡蓝色，经过些日子，就完全变成黑色。"制作这类墨水的材质包括鞣酸、没食子酸、无机酸、亚铁盐类、染料、防腐剂及胶质，胶质多用阿拉伯胶，主要功用是增加墨水黏度使在笔尖上作适当之流动。制作方法："将没食子酸及鞣酸，研成细末，置于大玻璃杯内，加入蒸馏水（白开水亦可）每日振荡数次，经过二十余日，及它完全溶解后，过滤过再加入硫酸亚铁，充分搅拌，加入已熔化的阿拉伯树胶，完全溶解，滴滴加入硫酸，及煤焦油，尽力混合均匀后，装入墨水儿瓶内，然后加入石炭酸；假使工作后发现瓶内生出沉淀，可加入锑粉则免。"

为写笔记常用的蓝色墨水，材料配合量："普鲁士蓝五，阿拉伯树胶一，酒精十，蒸馏水二十五，硫酸二，石炭酸三。制造手续：将酒精与蒸馏水混合，依次加入普鲁士蓝，及树胶水溶液，硫酸搅拌均匀后，微火煮溶，取下俟冷，取纸滤清，加以石炭酸，装瓶应用。"

当时使用的红色墨水替代了传统较贵的书写材料，主要用于教师每天改正学生的作业："从前多将银朱，赭石等颜色之微粒，用黏剂以游离于水而用之者，又一时曾为人所竞相采用之用之，天然色素，然若用钢笔，常有变成铁盐，以至色暗；且其就价甚昂，今少用者，现拟一法以资参考。材料配合量：蚜兰红一四，蒸馏水适量，阿拉伯树胶四，碳酸钠五，酒石酸少许。制作手续：将蚜兰红，碳酸钠，蒸馏水，加热熔融后，去火加入胶质，逐时搅拌，冷置日余，滤过，加入酒石酸即成。其他不同颜色的墨水制作，如紫、绿墨水等，制作方法与上面大致相同，所加入的色素不同，当时还流行一种隐形墨水："就是以化学药品的溶液，写在纸上，视之并无形迹，经过别种药品接触作用，显出原来字迹，这种墨水小之用于小儿的游戏，大之则利用于军事、政治，乃至于思想之重要秘密通信，故实用虽微，其效甚大。"

（三）去墨水儿液

徐洁滨介绍的最简单、最方便、最经济的方法："用漂白粉之水溶液，或双氧水（40%），或氯水，来处理之；但这种方法施行后当时并不能重写字迹，须待完全作用干燥后始可。"

从徐洁滨的文章可以看出，他善于研究商业背景和与墨汁相关的科技："以上所介绍的墨水，或去墨水液的制法可以说完全是在化学工艺实习得来的经验，经过数次的变更以现拟就之法所得成绩为最优，药品的价格非常便宜，制成的结果并不弱于市售之墨水，凡对于制作有兴趣的青年们，不妨试着做做，一定不能像其他一般工艺制造法，东凑西减，酌意设计的理想制法，准能使你感到满意的。"

徐洁滨和谢崧岱都有着广阔的胸怀，不仅坚守民族手工技艺本身，而且尽其力向民众传播，引导更多人参与其中，是面对当时各国在我国开设的类似商贸公司强盛本国经济的力举。谢崧岱、谢崧梁著书把制作墨汁技艺传播给民众，徐洁滨则通过自己学习到的化学知识把制造墨水的简易办法科普给大众。这在其他非物质文化遗产项目中是很少见的。

七、中华人民共和国成立后一得阁墨汁制作

一得阁墨汁的制作工艺所用原料主要由炭黑、骨胶、冰片、水和防腐剂等制成。炭黑经过罗筛与熔化的骨胶液搅拌成膏，加入冰片和防腐剂、辅料等经过研磨轧制后，与开水搅拌成汁，存入铜皮大缸，48小时后灌入瓶中方成成品。

（一）一得阁墨汁制造技艺历史延续

清代记录一得阁制墨制作技艺的是发明人谢崧岱，他著有《南学制墨札记》《论墨绝句》，谢崧梁著有《今文房四谱》。中华人民共和国成立后，一得阁墨汁厂张英勤、刘荣海合著了《墨汁制造》一书，1960年轻工业出版社出版，介绍了墨汁技艺的基本流程。

1. 一得阁墨汁原料选用

制造出优质墨汁，对原材料优劣要进行测定，特别是主料墨灰和骨胶决定着墨汁成品的质量。

（1）墨灰，生产墨汁必不可少的原料。墨灰是由松烟、桐烟、沥青、煤油等材质提炼出来的，从谢崧岱开始，一得阁选用质量好的桐烟墨灰及松烟墨灰。植物油也能用来烧制墨灰，质量稍差。墨汁的品质

直接影响产品质量，一得阁在墨灰的选用上非常严格。中华人民共和国成立前，我国制墨曾一度使用进口墨灰，中华人民共和国成立后，福建南平县（今南平市）生产的墨灰经一得阁使用后，认为此粒子细、色泽好的墨灰超过了美国进口的墨灰。一得阁在选用墨灰时还与上海的乐园新墨灰、东北等地的硬质墨灰进行比较，选取适宜一得阁墨汁制作的原料。一得阁所选墨灰颜色黑、粒子细，广度好，亲和力强，所以一得阁墨汁的稳定性高，墨迹光感好。

（2）无胶不成墨，骨胶是墨汁生产中的主要原料，是由动物骨头经过精致加工生成的透明黄褐色物质。一得阁墨汁制作中需要骨胶起调整浓度、悬浮墨灰和胶合黏着剂的作用，助于产品的遮盖力和光亮感。

（3）纯碱，即通常说的碱面，墨汁制造中对骨胶起催化溶解作用，添加需要根据不同骨胶的性质定量使用，过量会影响墨汁稳定性造成过多沉淀，量少会造成墨汁凝冻及使用时不透纸。

（4）克利砂酸（二甲酚），一得阁将其用于墨汁制造，起防腐作用，因墨汁中骨酸的腐败性大降低墨汁浓度并发出臭味。旧时制墨汁使用芦盐为防腐剂，芦盐添入墨汁可防冻和保持稳定，但芦盐适宜气候较冷地区，缺点是写好的字迹干后再遇到气候潮湿的地方容易吸潮，墨汁

◎ 一得阁制中华墨汁 ◎

不能牢固保存，甚至脱落，芦盐所制墨汁写出来的字不能揭裱，故此一得阁改为适宜的克利砂酸代替芦盐，提高了成品墨汁的品质。

（5）樟脑油，添加进墨汁具有清香醒脑的作用，但在墨汁中不起防腐作用。

（6）太古油（土耳其红油），具有溶解樟脑油溶化于墨汁的作用。

2. 配方

张英勤记录在《墨汁制造》一书中的技艺，部分内容和使用工具延续了徐洁滨经营一得阁时期的技艺方法。配料比例为：水（开水）343斤，骨胶片32.5斤，南平墨灰20斤，太古油6两，纯碱1.25斤，克利砂酸3斤，樟脑油12两。此配方是北京公私合营一得阁墨汁厂应用的配方，用量按照生产墨汁400斤计算。

3. 主要生产设备及工具

烧气锅炉、溶胶桶、拌料桶、过滤绢罗、搅拌棒、铁铣、墨缸、赛马表（秒表）、上下口径6毫米容量28毫米的大肚管。

4. 墨汁生产过程

（1）溶胶。骨胶和纯碱放入溶胶桶，接锅炉气管、开启气门、通入蒸汽100~120℃左右4小时进行催化，至骨胶、纯碱熔化。锅炉内蒸汽吹到桶内化成水25~30斤，胶溶液体总量在58斤左右时检验胶溶液体的浓度。

（2）拌料。将测定合格的胶液加20斤开水、20斤墨灰放入拌料桶，搅拌成膏状，即墨膏。

（3）轧制。将搅拌好的墨膏放置到三辊机内轧碾，时间和次数根据三辊机严密度确定，其间根据稀稠度酌情加些开水，直至碾轧到颗粒细腻。没有三辊机，使用普通石磨碾。检验方法，将墨膏放到方块纸上反复折叠后打开检查，观察浮面是否有颗粒及颗粒细腻程度。

（4）掺兑。即掺和墨膏，将约120斤墨膏放到墨缸内搅拌均匀，不足120斤加水补足，再注入276斤水，搅拌30分钟左右。而后将樟脑油、太古油添入桶内，开水冲化成乳状后再倒入墨缸一起搅拌均匀，最后

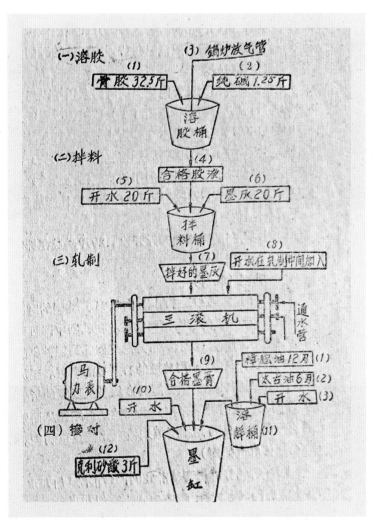

◎ 制墨流程图 ◎

加克利砂酸搅拌均匀后用绢罗过滤成墨汁。需静置3~5天后检验合格再装瓶。

（5）成品检验。一是可用水印检验法，将墨汁滴在纸上，用玻璃棒滴三滴呈品字形，根据无水印、点水印、线水印、宽水印、大水印这五种情况判断墨汁的质量。二是可用胶斑检验法，试验胶斑的纸是特制的，测试其无胶斑、半胶斑还是全胶斑，以确认墨汁质量。

北京一得阁墨汁

◎ 一得阁特制浓墨汁 ◎

◎ 一得阁云头艳 ◎

（二）当今一得阁墨汁制作技艺

1.主要原材料

（1）炭黑：古时制墨主要用古松烟，后加用桐油烟、漆烟、猪油烟、豆油烟。后因制烟的原材料短缺，宋代科学家沈括大胆提出了以石油烧烟的科学见解，就是现在普遍使用的炭黑。北宋初年，油烟墨登上书画舞台，有人说从松烟到油烟，从燃烧松树到使用石油，中国制墨又一次得到质的飞跃。现在使用的炭黑主要由石油和煤焦油烧制。

◎ 老式天平 ◎

（2）骨胶汁：古时制墨所用的胶是麋鹿胶汁，名贵墨也有用鹿角胶煎膏。后期多用牛皮胶、阿胶、猪皮胶和骨胶。骨胶汁经蒸汽吹透熔化，其间工人不断搅动，待其化透用水舀提起让其慢慢流下，见胶汁光明透亮，流淌顺畅，胶丝不断即是熔好。如胶汁发生则必须请烧水工将开水温度提高；如胶汁过熟则墨汁易与墨水分离。

（3）香料：古时制墨加入龙香剂，后多用麝香、梅片、冰片。

（4）防腐剂：旧时使芦盐，现在使化学防腐剂。

一得阁墨汁制作技艺的工具设备，制作初期使用的是石磨，其后在

111

石磨上加电动机，中华人民共和国成立后到上海学习，开始使用钢质的三辊机研磨墨膏。储墨使用铜皮大缸，因铜皮大缸既坚固又防腐。目前一得阁保存有部分老式的制墨、售墨用具。

2. 基本程序

一得阁墨汁制作所使用的器物及制作方法，随着历史的变化有所改变。虽然如今很多墨汁生产厂家使用化学方法制墨，成本低，但一得阁一直坚持使用古法制作墨汁。一得阁制墨在清末和民国时期使用燃烧松枝的取烟方法，随着北京对绿色环保的要求，一得阁制墨已经改为从外省市供货商处进货，形态已经从过去的轻烟改为颗粒状；研磨方法从原始的用杵在大缸里研磨，供应少量人群，改为三辊机研磨，既能满足当今大众的多种需求，也提高了质量和产量。

据现在长阳一得阁墨汁生产厂返聘的张建民老师傅介绍，过去制墨的大致程序为：

第一，取烟首先要准备好适合的松枝、搭砌好取烟的设备，即在支撑的架子上有序地码放瓦片，瓦下燃烧松枝，使烟熏到瓦上，熏到一定

◎ 取烟铜器 ◎

时间，待瓦片上熏满烟灰，将其刮下，放入容器待用。

第二，胶液和炭黑融合，搅拌均匀后，进行杵。操作人员需要轻轻倒料，开始要轻轻搅和，现在有机器设备和盖子了。将事先准备好的骨胶和从瓦上刮下的松烟装入一得阁墨汁厂特制的双层材质大缸，由于烟十分轻，操作时为防止烟飞，需要严格的操作规程。

第三，由人工拎动十几斤重的杵子在缸内将胶和炭黑千锤百杵，进行研磨，研磨到一定细度后，加入水。

第四，进行晒烟，去颗粒，即过滤为净料。

第五，墨汁兑水沉淀48小时，将炭黑和骨胶里的杂质沉淀下去。制作好的墨汁，一得阁有专门盛装的缸，一个缸盛装200公斤。张建民1980年入厂接班的时候还用缸，那时候产量低。

以前墨汁的质量完全靠有经验的技术工人来判断，现在通过机器设备可看出细度，但也需要技术工人用经验来判断。

第六，一得阁墨汁制作技艺中的三次配料。

第一次配料是在熬胶前进行，此配料的方法及量与熬胶有直接关系。

完成第一次熬胶程序后，再次加入配料，主要是中药材，配料加在骨胶和炭黑里，为膏状，是加上中药材才开始研磨。旧时放到缸里杵也是按照比例投放，此配料决定墨汁的浓度。

◎ 一得阁墨汁1982年获得国家银质奖 ◎

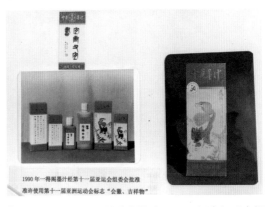

◎ 1990年一得阁墨汁获得第十一届亚运会组委会批准，使用第十一届亚运会标志"会徽、吉祥物"◎

北京一得阁墨汁

八十年代中华牌瓷瓶墨汁

◎ 一得阁墨汁厂20世纪80年代所使用的瓷瓶包装 ◎

◎ 20世纪八九十年代一得阁墨汁厂为日本友人特制的墨汁 ◎

第二次混合后再次配料。

张建民师傅总结为：吹胶，配骨胶；吹后，配炭黑，和吹的骨胶混合；混合后再加香料即辅料，香料过去用石磨研磨。配料多少，不同品牌放入材料不同、数量不等。

第七，灌装方式。传统老工艺灌装是用提子、漏斗，从盛装墨汁的铜盆里提墨汁往瓶子里灌装。后发展为利用塑料管子手工灌墨汁，盛装墨汁的瓶子基本上都是圆的，二两的瓶子多。近十年改为半自动和人工结合装瓶。过去一得阁浆糊瓶子也是玻璃材质。此外，张建民介绍说，他父亲收藏有一个铜墨盒，方形。

第八，试墨。20世纪80年代，试验墨汁的方法还很简单，在研磨好的料兑完水后，搅拌均匀，取少许，用毛笔蘸墨在纸上写几个字，检测是否合格，称为试墨。

（三）墨汁的使用与保养

一得阁墨汁沿袭传统配方，古法制作，墨色丰富。焦、浓、重、淡、清五色分明。书画家称赞一得阁墨汁："浓破淡立得住，淡破浓不走形。"使用者在书法、绘画中，蘸墨浓淡不同，呈现效果各异，使用者只有掌握了墨分五色的墨性，并融合用墨技法，使用时才能得心应手，得到所需的效果。

1. 焦墨，墨浓至极至干即为焦，笔墨深沉而浓黑。

2. 浓墨，墨多水少，黑而不亮，墨色凝重沉稳。

3. 重墨，相对于淡墨而言，此浓墨水分略多，比淡墨稍黑。

4. 淡墨，水多墨少，呈灰色。

5. 清墨，在墨彩上仅有一些灰色的影子。

◎ 一得阁精致墨汁 ◎

6. 破墨，即打破原有墨迹而产生的墨色浓淡，相互渗透掩映，滋润苍翠的艺术效果。破墨的方法有浓破淡和淡破浓，一般都是趁着湿破或半干半湿破，如果墨已干，则无法破墨。

墨汁虽然取用方便，浓淡却是固定的，墨汁太浓，运笔时候容易滞笔；墨汁太淡，则会洇墨，浓淡不合适均会影响作品的效果。故墨汁要合理运用，并科学保存。艺术创作者多追求作品的艺术效果和艺术特性，故选用墨上颇为讲究。书画初学者在临摹的时候，首先要掌握用墨规律及其墨性，一般情况下要注意以下几个问题：

1. 使用时根据作品风格对墨汁适量加水，但需注意加水后的墨汁切勿再倒回瓶内，否则会造成瓶内墨汁变质。

2. 使用墨汁书写、绘画的作品完成后，需放置24小时晾干，让墨完全固着于纸张，以免托裱时跑墨。

3. 墨汁有冬季凝冻的特性，故放置墨汁的温度要高于10℃。若有凝冻，可用温水浸泡瓶身融化，质量如初。

4. 注意不要将墨汁沾附在衣服等丝织物上，附着力极强的碳离子很难被彻底清洗干净。

5. 根据相应的用途选用墨汁，楷书一般多用稍浓稠的墨汁；草书选用胶相应少的墨汁。

一得阁墨块、印泥、浆糊及胶水制作技艺

一、墨块制作技艺

一得阁墨汁厂的三大板块产品，一是墨汁，中华墨汁获得银质奖章，一得阁墨汁获评部优质产品；二是印泥，八宝印泥获评部优质产品；三是墨块（墨锭）。

◎ 一得阁墨块（右）及纪念墨汁 ◎

墨块制作技艺在我国历史悠久，现存的墨类书籍中，记载了许多墨块上的纹饰，也有专门的墨谱类古籍，不仅记载了古人的制墨技艺，也通过墨块上的纹饰反映了我国的书画艺术、篆刻艺术、雕刻艺术、民俗文化等，是多种艺术形式的集合体。

一得阁墨汁厂如今还保留有部分墨块，有些是成套的。一得阁墨汁厂最初不生产墨块，墨块制作始于1936年，即天然墨厂开业的年代。1956年公私合营，主要以生产仿古墨块、书画墨块和学生墨块为主。当时一得阁厂加入3家制作墨块的厂，产品是低级的墨块（小学生墨

◎ 一得阁墨汁厂制作墨块
木模 ◎

◎ 一得阁制作墨块木模，耿荣和向魏光耀介绍整理归档经过 ◎

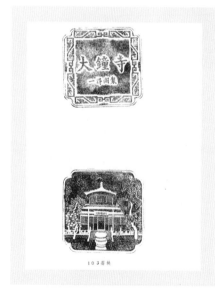

◎ 一得阁制"大钟寺"墨块 ◎

块）。这3家墨厂进入一得阁后，其技艺经过一得阁的改造、提升，生产出了高级墨块。小学生墨块称为"101"，中档墨块称为"102"，"103"则是高档产品。由6块墨块组成的颐和园全景，由8块组成的燕京八景，收藏入锦盒，作为礼品墨、收藏墨。墨块产品达到几百种，其中包括对墨。

一得阁公私合营后，成功配套制作出墨模，一得阁厂职工自己做，找画家画图。制作墨模的师傅是从当时的缝纫机厂请来的八级木工马顺兴，马顺兴培养了一得阁厂的苏全良。制作墨模的大套边框和底所用的材质为木头，木模底盖倒上水不能漏，严丝合缝，一得阁生产的"103墨块"，从配方到生产都比较先进。

一得阁墨汁厂张英勤等曾到上海"曹素功"墨厂参观学习过墨块制作技艺。墨块制作在中国有2000多年历史，以前都是私家制作，一得阁改造的墨块，比原来私人做的质量有保证，又能储存。制作墨块的原材料在北方是骨胶一半皮胶一半，如果光用骨胶会裂光，光用皮胶则研不下墨。上海墨皮胶多，有的用它不下墨，为什么用老墨呢，因为老墨已经没有胶的黏度了，一研带响声下墨，很快地研好了，一得阁墨汁厂生产的"103墨块"在轻工部、上海、天津、安徽、长沙……凡是生产墨块的地儿评的都是部优质产品。大画家黄胄认为墨的配方合适，非常赞赏，并给一得阁墨汁厂亲笔题词。书法家刘树年说，他离了这个墨块不画，因为一得阁墨汁搁点儿清水再拿这墨块一研，又好用，扩散又好。

20世纪70年代，一得阁生产的墨锭主要是旅游纪念墨，发展和拓展了一得阁品牌墨锭的市场和产品影响力。80年代，一得阁墨锭先后获得"全国质量评比第一名""轻工部优质产品""北京市著名商标"等荣誉称号。

一得阁墨块的制作技艺，是其历史上不可忽视的内容，反映了当时一得阁墨汁厂的多种技艺水平。目前一得阁墨汁厂没有墨块制作生产，但一得阁老师傅刘全生曾经参与过墨块的生产。

刘全生，1961年出生，祖籍河北徐水，1979年入一得阁墨汁厂。

刘全生父亲刘耀先曾在琉璃厂纸笔厂——东琉璃厂往南一进口的北京纸笔厂。刘全生毕业于202中学，高中毕业后经招聘进入一得阁墨汁厂。一得阁墨汁厂以前生产墨块，后来停产，刘全生入厂后和师傅张德贵一起组建起墨块组，制墨块8年，后一得阁大楼开始经商，墨块再次停产。

刘全生师傅张德贵过去就做墨块，公私合营时合到一得阁墨汁厂。制作墨块是把炭黑和胶和之后弄成饼子，晾晒到一定程度，上锅蒸，放到坯子（模子）里再制成墨块。

◎ 张德贵正在制作墨块 ◎

◎ 刘全生演示拆分制作墨块木模 ◎

　　制作墨块的木模是一得阁厂员工所雕刻。制作墨块程序有锉墨（用钢锉）、翻模（晾晒模），晾晒好了以后再进行描金，描金工艺岗位都是女性。最后用塑料纸包装，放到盒子里待售。

◎ 制作墨块的木模 ◎

制墨块每天的定量不一样，好做的每天多点，不好做的会少点，小块的定额多，大块的定额少。刘全生做3年学徒，工作间在当时的二楼，七八平方米。晒墨和锉墨在一起。描金和砸坯子的在地下室，制墨块之前是用木头杠轧墨，1983年左右购进三辊机。

墨块上的图案和字是职工孙艳设计，她用贴纸的方法把图案放上，设计的图案有燕京八景、颐和园、孔子像、百寿图、岁寒三友等几十种，包括异形墨。

刻模子的有陈全喜，其师傅是王仲仁。当时刻模子工序在四楼，做模子的木工是苏全良，也在总公司四楼，他先用小电锯把木头劈开，再挖槽（掏）。

◎ 一得阁所制墨块 ◎

（一）一得阁制作墨块模具

墨块制作模具现收藏于一得阁长阳厂档案室，由耿荣和整理，模具大部分相对完整，均为木质，有些用铁皮圈固定，尺寸、纹饰各异，也有一个纹饰多个模具的，其中有两个模具标注为"胡开文"，胡开文墨块模具尺寸相对一得阁模具要小，但质量非常高，工艺讲究，保存完整。

◎ 墨块制作木模之一 ◎

◎ 墨块制作木模之二 ◎

◎ 墨锭制作木模之三 ◎　　　　　◎ 木模《富贵图》◎

◎ 一得阁收藏木模 ◎

（二）一得阁制墨块

　　现一得阁所珍藏的墨块，为1956年公私合营以后至20世纪80年代所制部分产品，为零散库存，部分套装墨不完整，大部分墨块还未进行描金的加工处理，为裸墨，最长的有60余年历史，墨性依然不衰，弥足珍贵。

一得阁珍藏部分墨块简介

编号	品名	属性	重量	纹饰
001	熊猫竹子	老墨（油烟）产于20世纪60年代	1两	正面，熊猫啃竹子；文字"青竹熊猫情谊长，永远和睦家里香"。背面，描金楷书"熊猫青竹"。款识，北京一得阁及阁墨印章
002	黄山松烟	老墨（松烟）产于20世纪60年代	1.6两（小松烟1两）	正面，描金"黄山松烟"；背面，松树
003	天然如意	老墨（油烟），产于20世纪五六十年代	3.2两	正面，"天然如意"文字及古代书案；背面，"经纬寸心光宇宙，智慧如意落天花"仿古法制墨。款识，北京一得阁制
004	龙门（102#）	老墨（油烟）产于20世纪五六十年代	4两	正面，"龙门"文字及"墨汁厂"印章；背面，鲤鱼跳龙门；侧面，北京墨汁厂制
005	八爱（103#）	仿古老墨（油烟）产于20世纪五六十年代	1两	每套8锭，每锭墨正面是描金文字，背面为描金填色图案
006	百寿（103#）	老墨（油烟）产于20世纪五六十年代	1.6两	每锭墨正面20个不同书体的篆书"寿"字，5锭墨组合起来共100个寿字。背面每锭墨上一枝牡丹花，5锭组合起来是一幅完整的长在同一枝干上的牡丹花图。第五锭配字"大富贵亦寿考"。款识，一得阁制
007	燕京八景	老墨（油烟）产于20世纪五六十年代的旅游纪念墨	2两/锭	一得阁早期旅游纪念墨，每套8锭，每锭正面是描金经典名称；背面是描金填色图案

编号	品名	属性	重量	纹饰
008	颐和园	老墨（油烟）产于20世纪五六十年代的旅游纪念墨	4两/锭	一得阁早期自主设计生产的旅游纪念墨，每套6锭，正面文字；背面描金填色图案，6锭组合起来为颐和园全景图
009	百花（103#）	老墨（油烟）产于20世纪五六十年代	4两/锭	4锭一套，每锭正面是以古人赞语为名：坠粉飘烟、裁冰剪雪、琢玉堆珠、倚风醉露。背面描金填色的4种花卉图案，故称百花墨
010	春藕斋（103#）	老墨（油烟）产于20世纪五六十年代		此款为观赏墨，做工精细考究。正面，一头水牛悠闲自在卧于一棵柳树下，右上角"春藕斋"字；背面，成块稻田、小溪流水、柳枝飘逸
011	千秋光（102#）	老墨（油烟）产于20世纪五六十年代	1.6两	正面，楷书"千秋光"文字及"北京一得阁制"，椭圆"北京"印章；背面，松鹤图
012	八仙（103#）	仿古老墨（油烟）产于20世纪五六十年代	1两/锭	8锭一套。仿照清末民初八仙雕刻墨，正面为文字，背面为八仙历史典故图案
013	作良其玉	仿古老墨（油烟）产于20世纪五六十年代	1两/锭	一得阁老制墨技艺人习惯称此套墨锭为"作良其玉"，取自每锭墨第一字。此墨仿照胡开文老墨制作，每锭墨正面行书金字；背面描金填色图案
014	玉池仙馆（103#）	仿古老墨（油烟）产于20世纪五六十年代	2两/锭	每套4锭，每锭正面描金四字文；背面描金填色图案
015	龙凤呈祥（103#）	老墨（油烟）产于20世纪六七十年代	4两/锭，2两/锭	六角圆柱形，3种规格。盘龙绕柱，填色描金

编号	品名	属性	重量	纹饰
016	十日之游（103#）	纪念墨（油烟）产于20世纪六七十年代	2两	正面，隶书文字"十日之游"，款识一得阁制；背面樱花
017	彩墨	老墨（矿物质）产于20世纪七八十年代	1两/锭	正面，楷书"彩墨"；背面，龙
018	五百斤油	仿古老墨（油烟）产于20世纪50年代	0.5两	正面，"五百斤油"文字；背面，光素。五百斤油不是墨块的品牌，而是其品质。古代佳墨上常有"清烟、顶烟、紫玉光、宝翰凝香、五百斤油"等
019	青藤书屋（一枝春）（103#）	老墨（油烟）产于20世纪60年代	4两	正面，"青藤书屋"文字，款识一得阁印章；背面，梅花图案及"江南无所有，聊寄一枝春"文字
020	西游记（103#）	老墨（油烟）产于20世纪五六十年代	4两	4锭一套，正面文字分别为"圣僧努力取经篇""西域周游十四年""苦历征途遭患难""多经山水受迍邅"；背面《西游记》人物唐僧、孙悟空、猪八戒、沙僧图案
021	石画龛校书墨（103#）	老墨（油烟）产于20世纪60年代	2两/锭；1两/锭	正面"石画龛校书墨"文字，款识一得阁印章；背面松竹梅图案，题字"岁寒三友"
022	椽笔图（103#）	老墨（油烟）产于20世纪60年代	1两	正面是"椽笔图"；背面图案是一支毛笔，书"丈有二寸"
023	百寿图（103#）	老墨（油烟）产于20世纪60年代	1两	正面"百寿图"文字，背面南极人图，书"南极星辉"
024	富贵图	老墨（油烟）产于20世纪60年代	1两	正面"富贵图"文字，背面"国色天香"文字

（三）一得阁墨谱

墨谱是我国记录墨锭款式、纹饰、款识的重要艺术形式，包含了重要的历史文化信息，是古人智慧的结晶。历史上有《方氏墨谱》《飞鸿堂墨谱》《程氏墨苑》《墨谱法式》等谱式都非常珍贵。一得阁墨谱虽然年代不久远，但一些北京名胜的纹饰很有特色，套墨纹饰内容丰富，

◎《千秋光》墨锭 ◎

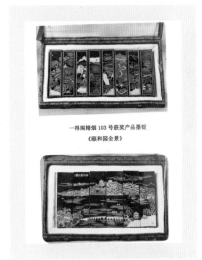

◎《燕京八景》《颐和园全景》◎

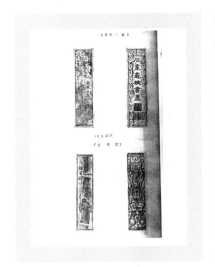

◎《岁寒三友》《百寿图》印谱 ◎

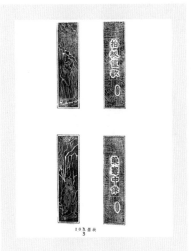

◎《拍板催歌》《策蹇中条》印谱 ◎

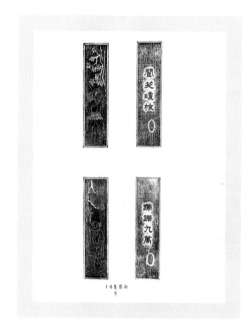

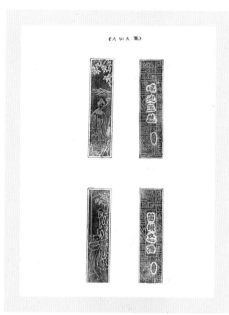

◎《阆苑琼枝》《蹒跚九万》印谱 ◎　　　◎《瑶池玉蕊》《笛韵悠扬》印谱 ◎

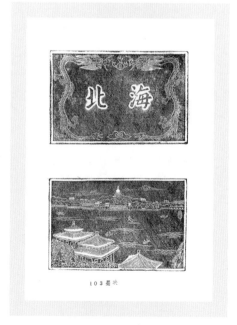

◎《故宫》印谱 ◎　　　　　　◎《北海》印谱 ◎

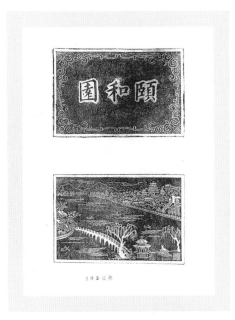

◎《颐和园》印谱 ◎　　　　　　　◎《长城》印谱 ◎

反映出一得阁墨块制作技艺，也留下了宝贵的史料。

二、印泥制作技艺

　　一得阁生产八宝印泥使用的重要材质老陈油，被一得阁称为制印泥一宝。笔者在一得阁生产厂的房顶上拍到晾晒了一房顶的老陈油，各类玻璃瓶大小不一、年代不一、色彩不一、标识年代不一，存放分为不同的区块，员工田淑卿介绍，现存有100多年以上的老陈油，此油是由蓖麻制作，一得阁人称为老陈油。

　　制作印泥，蓖麻油最适宜，印泥既不干，又不跑油，一得阁墨汁厂20世纪70年代盖楼时，曾将油放到朝阳门外机

◎ 刘全生指导马滨制作印泥 ◎

◎ 印泥制作中使用的蓖麻油 ◎　　　　◎ 印泥制作机器 ◎

◎ 一得阁制印泥使用的珍珠 ◎

械学院保存3年，一共200来瓶，一瓶没少、没坏。我国各省市都在从一得阁进老陈油，如漳州、上海、苏州等地要一小瓶做标本，如果厂子没有100多年的历史，则生产不了高质量的印泥，因此一得阁存下来的这些老陈油非常珍贵，是经过冬练三九、夏练三伏而成的，自然地，被称为一得阁第一宝。

　　一得阁制作印泥的第二宝是红宝石，第三宝是红珊瑚，第四宝是珍珠。

八宝印泥制作原料还包括大红粉，一得阁使用耐高温的原材料，一般达到几百摄氏度高温不变色。麝香也是不可缺少的原材料，从药材批发部整瓶购入，以防零散原材料掺假。冰片、三梅片、高级香料都均采用天然的，不选用人造的。如高级艾绒，经过洗漂把那绿色去掉只要绒，有弹力，而用棉花制作出的印泥，产品发死。八宝印泥有宝石、珊瑚、珍珠、朱砂、佛山银朱、朱膘、大红粉和赤金叶八种原材料。北京一得阁墨汁厂还在人民银行申请赤金，到南方进行加工。印泥制作中加入赤金叶，是为了印泥颜色的五颜六色。再加上冰片、麝香一共是11种原材料，研磨原来是用铝箔，现在是用石头碌子，不能沾铁，因为一沾

◎ 一得阁制印泥使用的原材料 ◎

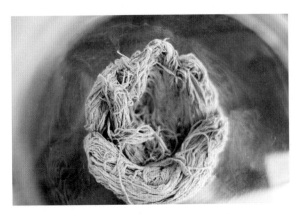

◎ 一得阁制印泥使用的艾绒 ◎

◎ 一得阁生产 印泥产品 ◎

铁颜色就变黑，不鲜艳了，印泥做出来后要储存半年到一年，以使性能达到温和。

一得阁生产的八宝印泥"鲜雅色正"，得到国家领导人及书、画家们的称誉，新华社高级记者贾靖宏在《经济参考报》发表半版的文章，题为"八宝印泥贵如金"。

刘全生现在在印泥制作岗位，他1987开始做印泥，印泥车间也在二楼，挨着墨块组。印泥组当时有4位女性，她们抹平装进盒子里的印泥、称分量。使用小托盘天平称，左边放物品，右边放砝码，盒子材质是瓷盒。

不生产墨块以后，做模子的苏全良就开始生产印泥，之前的人做出来的印泥不合格，离开了一得阁。刘全生和苏全良两人开

◎ 一得阁墨汁厂第一代印泥研磨三辊机 ◎

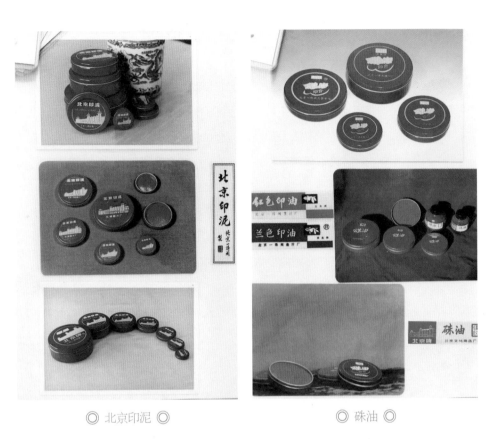

◎ 北京印泥 ◎　　　　　◎ 硃油 ◎

◎ 八宝印泥 ◎

始研究怎么让印泥合格，后来他们不但生产出合格的印泥，还生产出特制的八宝印泥，提升了产品质量。

制作印泥是把原料放到一起，调油后上三辊机轧制。特制的八宝印泥则是手工配料，手工揣，用大杵子反复杵，全靠人工，有时候刘全生和苏全良体力消耗太大的时候，会找来其他部门同事帮忙。需要五六个年轻力壮的人，轮流反复去杵，要杵一个多月才行，最后由师傅凭经验判断是否成品了。

一得阁生产的印油、印泥、八宝印泥在使用上有所区别，印油是为普通纸用的，多是财务方面用。印泥是宣纸、绘画、书法用的。八宝印泥的配方跟其他印泥的配方不一样。

当时印泥量不大，二十多斤，刘全生等在盆子里操作。生产出的印泥由二轻局负责经销，一得阁在琉璃厂的门市部也售卖。特制八宝印

◎ 白印泥 ◎

◎ 一得阁老印泥罐 ◎

◎ 印泥罐 ◎

◎ 制作印泥工具及器物 ◎

泥的生产曾经间断过，但彩色印泥、其他印泥一直生产，包括白印泥，用于彩色宣纸。当时的印泥有正红、朱红、珠光、朱砂，还有蓝、绿、黄、白、黑、紫色，客户需要的颜色可以来找一得阁定做。

目前刘全生带有两个徒弟，一位是马滨，1982年出生，北京市西城区人。另一位是1987年出生的姚新雨，老家吉林省吉林市丰满区。

◎ 轧制印泥的三辊机 ◎

◎ 刘全生正在进行印泥装盒 ◎

◎ 印泥入盒 ◎　　　　◎ 刘全生指导徒弟姚新雨 ◎

◎ 蓖麻油 ◎

三、浆糊及胶水制作技艺

笔者在搜集一得阁历史资料时，发现曾经有出版物介绍浆糊及胶水制作技艺，故购得，以收入本书。

徐洁滨经营一得阁墨汁时期，一得阁开始生产浆糊和胶水，1959年9月，一得阁墨汁厂将该技艺整理成书，由轻工业出版社出版。书中介绍了怎样制作浆糊、胶水，是一本通俗读物，北京一得阁墨汁厂张英勤和刘荣海根据实际生产经验所编写，叙述了从选择原料开始，一直到成品检验的整个生产过程。

生活中，人们常会用到浆糊、胶水。浆糊的主要原料是淀粉，胶水制作主要原料是树胶，二者制作中都需要加水调匀。自制洁白细腻，黏力强，不腐、不霉、不澥，并能保证储藏一两年不变质的浆糊和胶水，则需要了解和掌握一定的操作技术，如选择原料、掌握配方以及实际操作等技术问题。北京一得阁墨汁厂的产品质量已达到国内先进水平，他们将生产浆糊、胶水的技法传授给世人，供全国各地的使用者参阅操作。

（一）浆糊制造技艺

1.原料

（1）淀粉

浆糊制作原料主要是淀粉，淀粉由小麦、玉米、土豆和菱角等农作物中提炼出来，其中以小麦和菱角制成的淀粉质量较好。旧时一般制造浆糊采用混合淀粉作为原料，由"粉坊"出售。

（2）糯米淀粉

浆糊制作中的辅助原料，黏力强，易发酵，配料时用量要适度。

（3）盐

浆糊制作中的辅助材料，具有防腐、防冻，增加黏度的作用。最好选用返潮性小、颜色白、无杂质且细腻的再制盐。

（4）白矾也称明矾

辅助材料。浆糊制作中起到防止浆糊水解的作用，也有防腐和吸收浆糊中一部分水分的作用。

（5）石炭酸，又称苯酚

一得阁制浆糊采用纯度97%以上的规格原料。石炭酸在浆糊中起防腐的决定性作用。

（6）玫瑰香精

加入浆糊中，以生发出香气。

以上这些制作浆糊的材料，选购时要保证质量，采购员要具备鉴别材料优劣的技能，选择上好的材料。

2. 配方

一得阁集中了北京、上海、天津等一些地区制作浆糊的成功经验，才制作出符合黏力、纯度、抗寒、防腐等方面要求的产品。

浆糊制作配方按照每料80市斤计算，配量按照比例增减。配方：白面淀粉17斤，糯米淀粉1.5公斤，白矾2.5两，再制盐8.5斤，石炭酸90克，玫瑰麝香精6克，水53斤。

3. 工具设备及生产过程

北京公私合营时一得阁制浆糊使用的工具：烧气锅炉、配料桶、带盖的制造浆糊桶、搅拌棒、浆糊缸、量杯、温度计、水盆等。

此外，也可以简单生产，使用铁锅、风箱等制作。

生产流程：

溶解淀粉，按照顺序和配料量加入配料搅拌。

制糊，盖好浆糊桶盖，开启锅炉气门加热吹浆糊，锅炉含气量保持1~2公斤。吹2~3分钟后浆糊成稠状，打开盖子搅拌；再盖好盖子吹2分钟左右，复开盖搅拌。吹气温度80~90℃。

搅拌加料，用搅拌槌把热浆糊充分搅拌，倒入90克石炭酸均匀把浆糊刮平，加入开水封缸。次日浆糊冷却后，开缸取出浮面上的水，倒入玫瑰麝香精6克，人力搅拌15~20分钟后加盖冷却，需3天左右，夏天时间稍长。

包装及测定，温度计测试浆糊温度，比周围自然环境低一些为合格，否则不宜装瓶，以免发生变质。查看浆糊的稀稠度。装瓶前观察瓶子干湿度，瓶子内必须干燥以免生水造成发霉变质。

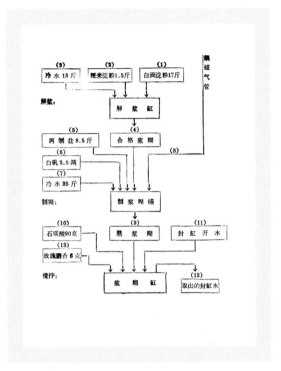

◎ 浆糊制作流程 ◎

（二）胶水制造技艺

1. 原料

胶水制作主要原料树胶，又名阿拉伯胶，产于阿拉伯、巴基斯坦等地，加工后为黄色球状胶体，易溶于水，具有极高黏性和较低的表面张力，水溶液呈酸性。

福尔马林，杀菌力强，能使蛋白质凝固，需存于温暖的地方，否则溶液会产生白浊沉淀物。它在胶水中主要起到防腐、稳定胶水质量作用。

硫酸铝，产于我国东北、山东等地，易溶于水，呈酸性。在胶水中起到净液剂作用，使胶水透明洁净。

香精，可放入玫瑰香精、肥皂香精等，使胶水发出芳香味道。

2. 配料

每料200市斤，多配或少配按照比例增减。

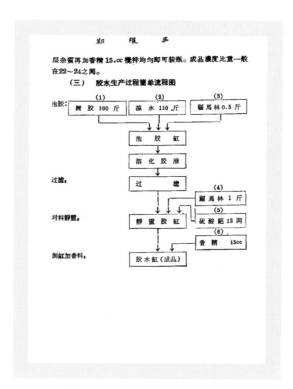

◎ 胶水生产过程简单流程图 ◎

树胶100斤，福尔马林1.5斤，硫酸铝0.75斤，香精15毫克，水110斤。

3. 设备

泡胶缸、搅棒、布口袋、存放胶的缸。

4. 工序

溶胶，100斤树胶放入缸中加凉水110斤，福尔马林0.5克搅拌，融合3~4天，溶化期开始12小时内不断搅拌，防止缸底凝块。此后每隔1~2小时搅拌一次。存放阴凉处，以防浑浊。

过滤，用细布口袋过滤成净胶液。

加辅料，胶液加福尔马林1斤，硫酸铝12两进行搅拌，均匀后静置15天，若透明度不够延长静置期。

倒缸加香料，静置后的胶水取其上层清亮胶液，清除底层杂质后加香精15毫克搅拌均匀装瓶，成品浓度比重在22~24之间。

第三节

一得阁生产及产品所用器物

一得阁生产所用器物随着生产力水平的提高和现代文明生产、环保政策要求，已经发生了巨大的变化，相关盛装墨汁及其他产品的器物也在不断变化材质及器型，包括一些文房用品。

笔者在北京档案馆查阅一得阁档案时，发现其经营的内容包括墨汁、浆糊、印泥、朱砂，即涉及盛装这些产品的器物。

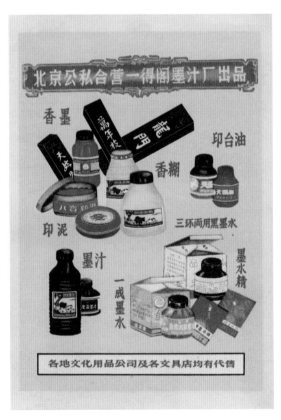

◎ 墨汁厂广告一成墨水 ◎

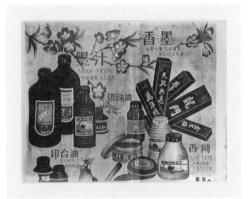

◎ 香墨等产品图 ◎

◎ 一得阁自来水笔产品 ◎

◎ 一得阁产品"朱砂油"瓶 ◎

一、产品所用器物

（一）朱油瓶

一得阁朱油瓶，是该厂所设计定制的盛装所生产朱油的器物。

（二）墨汁瓶及浆糊瓶

1. 墨汁瓶

在一得阁现存档案中，有一得阁墨汁瓶款样照片，但已经没有实物存系。一得阁墨汁使用的瓶子，现发现有两种器型，一种是瓶子下端为方形，瓶颈处为圆柱形，材质为玻璃，其标识为"北平一得阁"。还有一种通体为圆形的，材质也是玻璃，为了充实本书资料，笔者将该瓶购下。此瓶高19.5厘米，瓶底直径为5.5厘米，上口直径（包括外沿）为2厘米。瓶子竖向相对有两条衔接线，从制瓶工艺上应为两盒模子所制。这个情况是瓶子在高压吹气过程中两边模具胀开了，从而出现一条缝，多称为胀模，该瓶标识为"北京一得阁"。

◎ 一得阁墨汁瓶"北平一得阁"◎

◎ 一得阁玻璃墨汁瓶"北京一得阁"◎

至于两个不同形状的一得阁盛装墨汁的玻璃瓶，方形的"北平"与圆柱形的"北京"，二者年代之考，没有搜集到文字记载，也没有口述资料。《辞海》1989年缩印本解释："1928年改北京为北平，1949年10月1日中华人民共和国成立后复称北京。"

"北平一得阁"标识的瓶子是1928年到1949年中华人民共和国成立前这一段时间的。

至于"北京"称谓。历史上有多个朝代和多处地方称为"北京"，如十六国时期"以同方城为北京"。北魏自平城迁都洛阳后，称平城为北京。太原府曾被称为北京。1153年，"因中京大定府在新迁都城中都大兴府（今北京市）之北改称北京。故址即今内蒙古宁城县西北大明城"。1368年建开封府为北京。明永乐元年（1403年）北平府改为顺天府，建北京，即今北京市。永乐十九年（1421年），迁都顺天，改北京为京师。洪熙元年（1425年）改京师为北京。《辞海》以上对北京的介绍，均在谢崧岱发明墨汁之前。谢崧岱发明墨汁后到1928年称为北京，1949年中华人民共和国成立后也称为北京，故"北京一得阁"墨汁瓶是1928年前的还是中华人民共和国成立后的，既无历史史料为据，也无口述史为凭，年代需要进一步考证。但两个瓶子标识字的大小可以略分辨，因下端为方形的瓶子，平面大，故字体显得比圆柱体的字体目视要大。

一得阁墨汁技艺的发明，对玻璃制造业同样利好，盛装墨汁的玻璃器物的使用，对北京玻璃业的发展同样有着积极的促进作用，带动了相

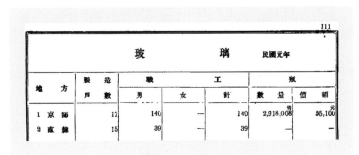

◎ 京师玻璃业统计 ◎

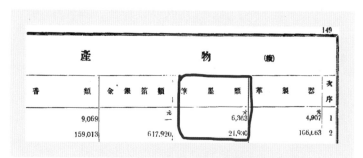

◎ 京师、直隶笔墨生产额 ◎

关产业的发展，虽然后来不断有美国、日本等国家在我国开设玻璃生产企业，但我国民族工业也在不断兴盛。

1912年的统计资料显示，京师的玻璃制造户数为17户，140名职工全部为男性，制造的玻璃瓶数量为2918008个。而直隶所属的地域玻璃生产户为15户，职工39人，低于京师之地。统计数据中也有笔墨类的经营额，高于玻璃制造营业额。

2. 浆糊瓶

现有资料中，一得阁浆糊瓶标识带有徐洁滨头像。

◎ 双牛浆糊 ◎

◎ 北京琉璃厂一得阁"徐洁滨"双羊浆湖商标注册玻璃瓶 ◎　◎ "一得阁徐洁滨"浆糊商标 ◎

（三）铜墨盒及文房用具

"所谓墨盒，亦称墨盒子、墨匣、铜墨盒儿等，是专门为文房制作的储墨汁之铜盒，用于书画。盒为黄铜或白铜或紫铜制作，内有丝绵，以吸储墨汁。它分盒盖与盒身两大部分。……纹面，即盒面上刻有（刻铜）或腐蚀有（腐蚀版）或电镀有文字、绘画、照片等图案者，亦写作'文面'。"[1]

"墨盒的材料采用白铜，即洋银（铜、亚铅、镍的合金），多半来自汉口。汉口的白铜品质卓越……在二三十年前，墨盒的形状只有圆形和四角形，但现在已经精心设计出了八角形、扇形、菱形、椭圆形等多种形状。北京的雕刻技术最为发达，可依照顾客的任何要求进行雕刻。市场上可见古诗文、钟鼎文（金文）、山水、人物和花鸟等精细的雕刻品。近来有人使用药品进行腐蚀，使之产生斑纹，令墨盒丧失了诸多的雅致。普通货品价格从十钱到一元五十钱左右，成为年代品后便视为古董，价格也随之升高，但现在已经很少见了。与墨盒一样，上等的棉和墨汁也在北京。

一得阁墨汁对其容器的铜墨盒的研究，已经开辟了宋代、明代关于墨的著述的局限，扩展到了盛墨工具的研究，这是谢崧岱、谢崧梁兄弟二人对我国墨史记录的极大贡献。

对于我国墨盒的起源年代，许多收藏家、专家做过考据，诸多争论。笔者比较认同周继烈先生的论证。周继烈先生多年收藏研究铜刻艺术，是从欣赏墨盒上的书画开始的，随之开始研究雕刻技艺人，与周先生沟通得知，其在所著的《铜匣古韵——墨盒收藏》中记载过一得阁的铜墨盒，笔者购得该书拜读，并向周先生请教沟通。周先生在此一书中，还刊出一张金属铜盒，标注为"明代金属砚盒，内装石砚用，与后来的墨盒是两回事"。

对于铜墨盒始于何时，谢崧岱在《论墨绝句》中不仅断定了时代，也记载了地点及人物："闻琉璃厂专业墨盒者，始万丰斋，刻字于盖者，始陈寅生茂才（麟炳，通医，工书，自写自刻，故能入妙，近来效者极多，竟成一行手艺。然多不识字，绝少佳者，故无足怪）。店与人犹在，实盛行于同治初年。"他研究了唐宋以来的历史记载，并没有发现墨盒的记载信息。"明人屠隆著有《文房器具笺》，所记之器具达四十五种，唯独没有墨盒。明人高濂所著《燕闲清赏笺》记载了文具匣、砚匣、笔格、笔床、水注、笔洗、水中丞、砚山、镇纸、压尺、贝光、书灯等十种，甚至连糊斗都记录在内，唯独没有墨盒。明人文震亨所著《长物志》所载文房用具甚丰，亦独无墨盒。明代其他相关的笔记类中均无墨盒记载，这只能说明一个问题，即那个时候确实没有墨盒儿。"[2]周先生在《铜匣古韵——墨盒收藏》中说，一些人把明代

◎ 我国铜盒研究专家周继烈先生 ◎

◎ 周继烈先生著述之一
《铜匣古韵》◎

的"黛盏"即一种修饰眉毛、染发时所使用的颜料小盒当作墨盒是错误的。

周继烈先生研究的结果是墨盒不仅明代没有，清代前期也没有。"乾隆时人姚培廉历数十年工夫，编成一部《泪腋》……在他这部茫茫类书中，小至挖耳勺都有记载，唯独没有墨盒。同期的相关物类书籍、笔记小说等中均未发现有记录墨盒的，因而我们说，清代前期也没有墨盒儿。"[3]

墨盒记载的出现及对墨盒年代的断定者，当数谢崧岱。

周继烈先生说："……认为最早、最详尽记载墨盒的人是谢崧岱。……他于光绪十年（1884年）出版了《南学制墨札记》，于光绪十九年（1893年）出版了《论墨绝句》，两书中均有关于墨盒的论述。……谢在《论墨绝句》中说：'古用砚，无所谓盒。墨盒者，因砚而变通者也。块而砚，砚而盒，盒而汁，古今递变，亦其势然欤。'此说明墨盒源自砚，而非他物。接下来他说：'然求始于何时，创自何人，始无确据。'"

谢崧岱在国子监任典籍，为管理古籍之职，且有日读十万字之说，并吸引了众多学子每日于室内辩论、畅谈，不但博览群书，且有群体讨论，笔者认为谢崧岱对墨盒年代的判断是有其考据的。谢崧岱说："此固历朝所无，独我朝创制。"谢崧岱举证道："乙酉冬同学院申重大令闲谈及此，因谓家藏墨盒，以文达重赴鹿鸣、旗匾银所制者谓最先，前此盖无有也。……佑臣先生自谓，道光癸巳入塾即见父友有墨盒，然用砚尚多。及己亥开笔作文，先中宪即赐以墨盒……"周先生说："这是从有墨盒而未普及到逐步普及的一个过程。"最终谢崧岱给予的答案是"始道光初年无疑"。

周继烈先生说："《论墨绝句》作者谢崧岱实为中国第一位论述墨盒及记载陈寅生刻铜、阮元达制银墨盒者，余者均在其后。"

除了谢崧岱，其弟弟谢崧梁在《今文房四谱》中也对墨盒进行了阐述，分别从红铜盒、白铜盒、白金盒、黄金盒几个不同材质的墨盒进行分析成为后人重要的研究史料。

◎ 刻有谢崧岱《论墨绝句》诗的铜墨盒
（厚厂藏品）◎

◎ 一得阁兼营铜墨盒 ◎

在铜墨盒上，与谢崧岱关联的历史信息，还有一位研究和收藏墨盒的"厚厂"先生。经厚厂先生同意，笔者收入他在2018年1月19日下午3点的新浪博客上发表的一篇名为"谢崧岱创立一得阁时间之讹传"的文章的内容。此文中提到，数年前，他见到一方万丰斋底铭的刻诗文铜墨盒，虽卖家索价较高，也毫不犹豫地收入寒斋，盒面上行楷刻七言诗一首，为八法之入法：

松煤入法昔人传，记载端推李氏编；
细读说文寻本义，分明从土不从烟。

"书刻均称不上精彩，之所以购藏此盒，不只是因为其书体与万丰斋其他墨盒有差异，对于研究万丰斋的刻工有购藏的必要，还因为盒面所刻诗作是一得阁主人谢崧岱先生所著《论墨绝句》开篇的第一首。"

周继烈先生介绍说："光绪年间，有一位叫吴立亭的，曾经赠送谢崧岱诗文'谢生熏烟超古今，独能用酒癖门户。微闻妙制授闺中，逐为墨汁开山祖。'第三句是说谢研烟法来自其妻子的建议。"当然，这首诗还说了谢崧岱发明墨汁制作技艺的重要环节、技艺水平和重要地位。一是"熏烟"超古今；二是"用酒"制墨的独辟技艺；三是谢崧岱为墨汁的开山鼻祖。

在谢崧岱这一代，一得阁墨汁店经营是否与铜墨盒有关联，目前还没有挖掘到相关的史料。但在徐蘋经营一得阁时期，曾经经营过铜墨盒，这在有徐蘋印章和一得阁店章的经营执照上有记录。一得阁主营墨汁、浆糊、印泥、朱油。兼营：铜墨盒。

在本书资料搜集过程中，一得阁档案中存有与一得阁相关的铜墨盒资料图。

一得阁方面也搜集了一款一得阁铜水滴，但笔者未看到铜水滴底部

◎ 一得阁标识的铜墨盒 ◎

◎ 一得阁铜水滴 ◎

◎ 一得阁标识铜水丞 ◎

名款，不敢贸然断定是一得阁所经营的器物。

另有一种是铜水丞，标识字为"一得阁"。

铜水滴发现有两种款式，一种是壶口方向有蛙的，一种是无蛙的。有蛙的侧面刻有"一得阁"款识，另一侧面刻的山水纹饰。笔者在网上拍得一款，为赝品，只为拍其图样。

一些铜墨盒或水滴、水丞的侧面标识为"一得阁"，而底部款识为"荣宝"。有说法，是一得阁制的器物，给荣宝斋经营；也有不同说法，认为是荣宝斋刻工给一得阁定制的器物。

周继烈先生花费了大量时间和精力、查阅大量古籍文献，对琉璃厂地带经营和制作墨盒的店铺进行了归纳和记载，其中对一得阁墨盒底名

◎ 笔者购一得阁墨具二，此为赝品 ◎

◎ 笔者购一得阁墨具三，此为赝品 ◎

◎ 笔者购一得阁墨具一，此为赝品 ◎

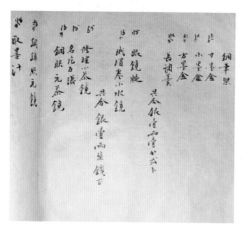

◎ 史料记载墨盒种类一 ◎

◎ 史料记载墨盒种类二 ◎

进行了确证：一得阁。店设琉璃厂。以墨汁、墨经营为主，民国时生产墨盒，底打钢印"一得阁"。

周继烈先生搜集、整理经营墨盒店的店铺主要集中在琉璃厂，也有一部分在打磨厂、前门一带。

不论是墨盒的出现催生了墨汁技艺的出现，还是墨汁技艺的出现促进了墨盒业的繁荣，有一点无须置疑，就是墨汁与铜墨盒互为依存关系，而墨汁的出现让铜盒制造业更兴盛。

"在前清科举时代，士子之来北平应试者，以墨盒入场为最重要之品。罔不购备，又翰苑词人，讲求文具之静雅，于墨盒一项，亦措意及之。一时风尚所？逐令业此者，多方研求制造与雕刻之法式，成为今日特殊之艺术。"

"至于雕刻之良否，全视乎书法与画法，各墨盒店，对于书画家，如蝇头细字及工笔画之作品，有每件论价至十余元者。其普通之篆楷与松竹等类，亦有每件只一二角者。概以作品之繁简为衡。书画完成后，即由店员依式以钢刀刻之。凡字之姿势，画之浓淡，均以刀法之深浅表现之。刻工完竣，加以磨擦。及添色后，逐告成功。"

二、生产用器物

一得阁旧用制墨、售墨用器物多为铜制。一得阁墨汁公司对老器物进行了搜集、整理、归档、展示。建立了非物质文化遗产展室和体验室。

◎ 朱油 ◎

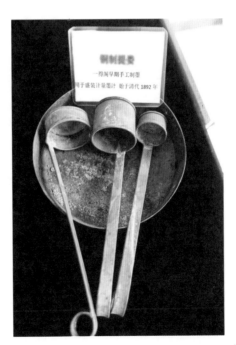

◎ 旧时，墨汁可以零散购买，此为售卖墨汁用具 ◎

◎ 一得阁旧时使用铜制墨盆 ◎

◎ 一得阁旧时制墨器具 ◎

◎ 一得阁旧时零售时使用铜桶
盛墨 ◎

◎ 一得阁旧时使用陶瓷大缸 ◎

不同时期一得阁墨汁厂所用器物有所不同。

一得阁生产用器物多为铜器，但在配料、拓印等工艺中也会使用匏器。

一得阁制墨所使用的器物也是有讲究的。墨汁厂的院里两边都排列着大缸，里面存着液体胶，冬练三九夏练三伏。冬天的三九不能冻，夏天三伏不能臭，生产好的墨汁放到缸里，记上年号。生产墨汁时新老胶按比例添加，保证一年四季适用，夏天需要浓，春天需要稳定，秋天也稳定，冬天需要胶小，不然灌不进

◎ 一得阁盛墨使的匏器 ◎

◎ 马静荣讲述旧时售卖零墨经营 ◎

瓶。一年四季四个配方。制墨汁需要用防腐剂，防腐剂既防冻也防臭。

关于制墨使用的胶块，徐洁滨曾对张英勤说："这胶就跟涮羊肉一样，嫩了不熟，老了咬不动就废了。"胶成了坨没法使用，老了则没劲儿了，成水后挂不住墨。"这些工艺都由徐新孔负责，新老胶配方比是保密的，不告诉工人，都是他给弄好胶，工人才能去生产墨汁。"

当时装墨汁用的是大铜皮缸，外边是铜皮，里边是洋灰铸成。制墨时两个人拿木槌杵，把烟子和胶和成跟面一样，愣靠人工砸熟，出来效果如摔好的胶泥，黏合在一起使胶跟炭黑交融在一起，一天生产料200斤，兑200斤墨汁。上午开始砸，下午砸完后兑水，开始过罗，再摘到缸里沉淀。古法制墨完全靠人力，十分笨重，工人劳动强度非常大。中华人民共和国成立后，提出解放劳动力，加上岁数大的职工变多，改为了用石磨，此方法虽然快，但质量不好。质量好的墨汁还需老的配方、老的操作办法。

一得阁墨汁技艺，从小作坊发展到当今的规模和技术，经历了一步步技术提升和设备的改善。已经退休的耿荣和女士说："我是1971年初

◎ 一得阁制作墨汁所用铜皮大缸 ◎

中毕业，开始在地质学院附中留校，先在校办工厂，后搞行政。1979年调到了一得阁，在琉璃厂，大楼一共四层，墨汁生产在楼后面的平房车间。我在车间包装车间，灌墨汁。那时候灌墨汁是用乳胶管子，墨汁是装在大塑料箱子里面，在三层。一层压墨，有三辊机，压制好的墨装到大桶里沉淀，再装到池子里，当时有四五个池子，品种少。1979年前，一得阁主要是低档墨汁，有北京墨汁，小玻璃瓶子上写着一得阁墨汁厂。有一个打墨泵，泵上有一个电钮，像抽水机似的，把墨抽到三楼，三楼也有塑料的墨箱子，一个箱子能放一吨多。灌墨汁是从池子上一根一根的管子顺下来，我们用止血的钳子控制，是虹吸的土办法。灌装的是二两一瓶的墨汁，有个盘子，一盘码几十个，往瓶里灌装的时候，止血钳子一松开就喷出墨汁，也需要控制好，是个技术活儿，还有一个专门的环节是擦瓶子，因为喷出来的墨汁落在瓶子外头，灌完后，再贴片，我们管贴商标叫贴片儿，一沓子商标，一个个往瓶子上贴，工序需要技术好的女孩。那时候还是用浆糊贴商标，左手抹浆糊往瓶子上贴。我是干擦瓶子的，每天收工了还要干最后一个工序，擦机器。1979年。

◎ 发往温哥华的墨汁 ◎

灌墨汁的有徐小凤、刘淑香、邹丽萍，我们每天清洗灌墨的机器。当时打开水是从一楼往三楼运。二楼是做广告色，20世纪七八十年代，一得阁广告色很出名，用到全运会的背景墙，水彩量大，产值比墨汁大。一得阁墨汁厂是不断发展的，后来发展到八大类三十二个品种。我整理了一年多的档案材料，分了墨块系列、墨汁系列、颜料系列、印泥系列等若干个系列。

注　释

[1][2][3]　周继烈著：《铜匣古韵——墨盒收藏》，浙江大学出版社2004年版。

第四章

一得阁墨文化传承与保护

第一节　一得阁墨汁技艺有序传承

第二节　重企业文化，拓广泛市场

一得阁墨汁技艺有序传承

记载一得阁墨汁制作技艺内容的书籍，分为两个时期。一是清末谢崧岱所著《南学制墨札记》《论墨绝句》，谢崧梁的《今文房四谱》；二是中华人民共和国成立初期张英勤、刘荣海，1960年著的《墨汁制造》，书中涉及技艺内容仅有9页。另一本书《浆糊胶水制造》是一得阁墨汁厂1959年出版的，涉及技艺内容也仅12页。此后，一得阁墨汁厂再无一本完整介绍该厂产品生产技艺的书籍。

一得阁墨汁的传承谱系明确、清晰，传承方式为师徒传承和家族式传承。

代际传承谱系：

第一代，创始人谢崧岱。

第二代，谢崧岱传承给墨工徐洁滨，为师徒传承。

第三代，徐洁滨辞世后，传承给儿子徐新孔，具体经营（经理一职）由徐新孔儿子徐定国担任，为家族传承。同期，传承给墨工张英勤，为师徒传承。

第四代，群体传承。张英勤将技艺传承给一得阁不同时期的技术人员，其中包括尹志强、何平、张建民、张永林、刘全生等员工。

第五代，群体传承。张英勤及其徒弟尹志强、何平、张建民、刘全生将技艺传承给魏光耀、高俊杰等员工。

一得阁墨汁制作技艺，具有师徒传承和群体传承的特征。代际传承上，活态主体传承谱系基本清晰，这与北京某些百年以上项目的传承谱系无法追溯或追溯线索零散相比，一得阁墨汁传承谱系整体上相对完整，但是一些传承人和历史上相关人物缺乏较为翔实的信息和资料，如创始初期谢崧梁与一得阁墨汁研制、设店之间的关系；谢崧岱父亲、夫人等家人对于谢崧岱创研墨汁中具体技术上的参与及支持；谢崧岱在琉璃厂开设墨汁店后，他在国子监任典籍官，墨汁店具体管理人的信息。徐洁滨接管一得阁墨汁店后，其较为翔实的资料缺乏。

据张英勤回忆，其生产墨汁的配料方法（秘方）由徐洁滨本人和大师兄（徐洁滨长子）掌握。由于张英勤辞世，对徐洁滨长子的情况没有具体信息。

徐洁滨时期，我国的民族手工业墨汁产品与国外的"洋墨水"竞争，徐洁滨在传承老一得阁墨汁技艺的基础上，研究墨水的生产技艺。关于墨水生产技艺的步骤，在民国期间有人进行过记述、出版书籍和在报刊发表文章，只是一个可研究投入生产的项目，而不用研究发明。一得阁墨汁厂在此期间经营过墨水，关于墨水的经营技艺及具体情况，仅发现徐洁滨发表在民国时期报刊上的资料和一得阁墨汁厂公私合营时期的墨水瓶广告及徐定国在西单参与墨水合营生产的信息。

◎ 机制工段张永瑞（第一排右三）◎

张英勤接管一得阁墨汁后，已经是中华人民共和国成立后，一得阁墨汁制作技艺主要是师傅带徒弟的集体传承。但该时期的主要技艺传承情况缺乏较为翔实的资料。

但据马静荣介绍，中华人民共和国成立后，一得阁管理、技术逐渐分开，技艺传承由传统的师傅带徒弟模式，改为行政领导与技术骨干分开，技艺由技术科和车间专职技术人员进行传承。最终，在实践中形成了技术由专门技术人员掌握传承，工艺由轧制车间工人掌握传承的传承方式。

一、目前一得阁墨汁制作工序技艺人

（一）配料工序

目前一得阁墨汁制作技艺的配料人员是返聘的张建民。张建民河北深县人，1959年生。1980年9月接父亲班到一得阁。

张建民父亲张永瑞，1925年生，1980年退休，1997年过世。

张永瑞十几岁开始在北京谋生，先在一得阁东边的中国书店当学

◎ 张永瑞工会会员证（张建民提供）◎

◎ 张永瑞（张建民提供）◎

徒，因和张英勤是老乡，后到一得阁工作，主要从事压料。张永瑞在一得阁从事过洗浆糊面筋工作，一天洗几袋子面粉，一袋子50斤，用水洗。先把面弄成面团，用手搓面，把面粉洗掉，剩下面筋。张永瑞曾担任过研磨工序上的段长。住在北京大栅栏耀武胡同1号。

张建民1980年9月13日到一得阁墨汁厂报到，地址是在西琉璃厂。与张建民同时接班的有吹胶工序上的耿建功。

1982年，张建民到顺义大东庄村一得阁分厂工作，该厂生产北京墨汁。1989年回一得阁总厂压墨工序，四年后再次回顺义负责原料管理。2009年房山独义村建厂，张建民当年10月到独义村。2019年6月22日，张建民从房山独义厂到长阳分厂。

张建民带两名徒弟，魏光耀，北京一得阁墨业有限公司党支部书记、工会主席、长阳分公司厂长；另一位名为徐世楠。

魏光耀。1979年生，河南人。

2015年5月，嘉禾入驻一得阁墨业有限责任公司，公司下设有销售部、财务部、综合部、法务部、市场部及一得阁美术馆，有一得阁长阳分公司、一得阁天津分公司，及部分直属旗舰店，总计百余人。

魏光耀是嘉禾入驻一得阁时来到一得阁制墨厂工作的，现为北京一得阁墨业有限公司党支部书记、工会主席、长阳分公司厂长，主要负责党务、生产和技艺传承工作。他接任后，细化规章制度，严格企业经营、安全、环保等管理，进一步将管理条例制度化，如一线员工上班必须穿劳保鞋、工作服上衣要"三紧"等。与其同来一得阁墨汁厂的还有一得阁副总白冰，负责销售和法务工作。魏光耀曾被评选为"国资工匠好榜样"。他到一得阁后，注重制墨技艺在企业中的传承工作。

魏光耀自进入一得阁工作后，立志把品牌发扬光大，让用户都能够用到健康安全的产品，重视质量，坚持高标准，并非常注重国学的学习与传播，将传统国学知识有的放矢地普及到员工中。

其在制墨理论研究上下功夫，用心研究前辈们留下的宝贵经验，并提出大胆的理论改进，对于墨汁使用的主要原材料炭黑如何避免二次聚合问题，进行技术上的理论分析及论证。骨胶中的成分在墨汁中如何

◎ 张建民带徒仪式 ◎

◎ 张建民及徒弟魏光耀、徐世楠（田淑卿摄）◎

◎ 旧时送墨三轮车 ◎

◎ 配料间（杨木摄）◎　　◎ 产品车间 ◎

◎ 张建民和徒弟一起装运产品 ◎

◎ 董贵春运送商品出库 ◎

平衡稳定等，整理出可操作性的理论数据，并独创了操作法，即"溶胶控温调整操作法"。溶胶是制墨工艺的关键环节，胶的品质与操作过程中的火候及环境温度有直接关系，整个操作环节需要十多道工序，需要随着环境温度的变化而变化，综合观察判断及时调整才能把握好溶胶的质量。手工制作墨汁主要在操作技巧和手法上，这和悉心探索是分不开的。他在保持原有制作工艺的同时，在操作技艺上有了创新，使得操作规范化、系统化、合理化，产品质量整体有了突破和提升，一次合格率从之前的70%提升到现在的95%以上。

魏光耀通过查阅历史资料，结合现在工艺，精心融合总结提炼，梳理出新的制墨八法，设计出了古法制墨技艺的八幅图，直观地展示出一得阁的制作技艺和文化传承，填补了制墨理论历史空白。近3年他通过各种方式收集整理企业的历史资料，组建了小型博物馆，设计建立了制墨体验室，直观展示了一得阁的制墨文化。

◎ 魏光耀检查骨胶 ◎

◎ 魏光耀检查骨胶湿度 ◎

◎ 魏光耀观察墨汁亮度 ◎

◎ 魏光耀在做国学知识传播 ◎

◎ 一得阁展室收藏的检测仪器（毕鉴摄）◎

◎ 魏光耀为学生介绍一得阁历史 ◎

（二）吹胶（熬胶、煮胶）工序传承

张永林，一得阁墨汁技艺西城区非物质文化遗产代表性传承人。1969年生于河北衡水。从部队转业后落户北京市长阳镇长阳一村。

张永林2008年到独义村一得阁墨汁厂从事吹胶、压墨工序。师傅尹志强，河北深州人。

墨汁制作技艺中，吹胶是一个很重要的工序，胶的软硬程度和墨汁质量有关，过软或过硬都会影响墨汁的质量，即"生了"和"过了"都不行。张永林带徒弟的关键是传授徒弟观察胶的颜色和火候，这是需要

◎ 观察熬胶的程度 ◎

◎ 张永林传授徒弟田苏宁和王彬彬查看仪表 ◎

经过多年的实践后，才能总结出的经验。

2009年到2015年，在独义村厂，尹志强带徒张永林时，工艺是用气吹胶，气吹胶使用锅炉烧煤，其产生的气儿和溶胶骨配合。2008年前也是用气吹，但不是用锅炉烧，采用的是盛装汽油的桶。过去方法相对简易，工艺生产上没有太大的市场销售量，烧锅炉和吹胶岗位为一个人。用烧锅炉效率高，连续烧两三个小时。后来因为国家环保要求，禁止烧锅炉，则气改电烧。煤烧锅炉和用电烧，升温速度和时间有差异。当时张永林试验了一个多月才摸索到规律，烧煤两三个小时，用电则需要七个小时左右。烧锅炉吹胶，气里带水，中途不用单独打水，改电后需要中途加水。

张永林徒弟有张亚鑫、王彬彬、田苏宁、白晓龙。

张亚鑫，1991年生，河北石家庄人，2017年9月1日进厂。入一得阁厂前为高中学历，到单位后开始学成人大专计算机应用专业。

张亚鑫工作岗位是吹胶，初入厂，对骨胶的特性、黏度、温度变化等掌握不纯熟，操作时出现一下子吹过的情况。张亚鑫把师傅张永林每天讲的技艺要求都记录下来，记录了一年半的时间，反复琢磨师傅传授的要点。观察骨胶在春、夏、秋、冬不同季节的黏度情况，掌握季节的变化和黏度的变化，随时调整。

吹胶是墨汁制作中的核心技术，熬胶的时间上下差五分钟出来的成品都不一样，熬制的胶不能硬也不能稀

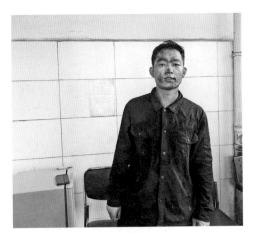

◎ 王彬彬 ◎

◎ 张亚鑫 ◎

北京一得阁墨汁

了，这是掌握技术的关键。张亚鑫除了每天做笔记，还经常往化验室跑，询问化验员胶的亮度、黏稠度指标，如果当时批次的化验指标比优级品的差距，第二天赶紧去调。他把不同日期的墨、操作的流程进行数据对比。张亚鑫说制作墨汁的熬胶技艺和中医很像，它对节气特别敏感，春分和立冬就不一样，而且每年温度也不一样，到了固定的节气就要做微调。

张亚鑫2021年3月15日正式拜师张永林。他说："拜师了，更要好好干，不怕吃苦。骨胶一加热熬，味儿挺大的，再加上高温，必须得经历吃苦的历练，每天流的汗得有2斤左右。特别是夏天，40多摄氏度的高温，魏厂长要求我们要安全操作，工作服必须是'三紧'，比如上衣、领口、袖口、下口，按照要求着装。传统的工艺是火煮，20世纪的五六十年代是手搅动，现在是设备搅动，更稳定了，工作程序上，不能有丝毫的马虎。平时下料，按照操作规定的标准，精确到两。"

熬胶岗位，只要一上岗，操作吹胶，每天脸都是黑乎乎的，他们有一道工作程序，是上边熬胶，然后把熬好的胶流放下去，一个人在上边放胶，一个搭档在下边接，是把炭黑和胶混合在一起。

◎ 白晓龙 ◎

张亚鑫说，一得阁制墨还是传统配方，不像有的制墨厂是用树脂墨，那个制墨工艺操作就简单了，成本也低，该工艺是近几年发展起来的，日本的墨基本都是树脂墨。市场上传统骨胶墨少，一得阁经久不衰在于传统的工艺和配方。

（三）研磨（压制）工序传承

高俊杰，安徽阜阳人，1999年生。

高俊杰进厂后，跟着师傅学墨汁的研磨。其师傅是当时返聘回厂的尹志强。

尹志强传授高俊杰拌料，观察墨的稀稠度，讲述一得阁墨汁的制墨程序和历史。压墨期间手把手传授其加水

◎ 高俊杰 ◎

◎ 尹志强 ◎

技艺，高俊杰用心试验和摸索，如今已经从事了五年的研磨工艺，基本能观察出墨汁的粗细。现在一得阁研磨工序生产线上是六台纯手工的研磨机，需要人力用铁锹上料，一般两个多小时调一次轮，上料十分钟一次。

大致程序：第一遍跑糙；第二遍融合；第三遍研磨；第四遍精研。目前岗位上同工种为6个人。

高俊杰说："观察和判断墨汁的稀稠度既有机器的压制标注，也需要经验。压制流程上，要及时把积在机器上的墨料刮下来，保证两边的流速均匀堆成。"

◎ 墨料 ◎

◎ 压墨 ◎

◎ 高俊杰查看三辊机的平衡度和墨汁
研磨出来的细度和亮度 ◎

◎ 墨汁轧制完后是墨膏，要加相当温度的
热水搅拌 ◎

◎ 刘玉鹏 ◎

◎ 汪小林 ◎

◎ 右起：汪小林、高俊杰、于春远 ◎

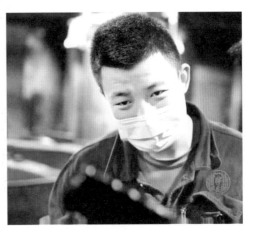

◎ 于春远 ◎

汪小林，1989年生，祖籍云南临沧市。现户籍河北保定易县。2015年到一得阁厂压制墨的岗位，尹志强传授其拌料、上料工具正确使用方法及安全操作等流程。2019年，汪小林在一得阁天津分厂工作一年，主要是做墨池等基础工作。天津一得阁分厂占地55亩，在宝坻区的大钟庄。汪小林负责新厂的制墨设备购进，墨池设计等工作。天津分厂有27个墨汁存放池，存不同品种的墨汁，大小不一，最大的可盛装4吨墨汁。

◎ 刘腾龙 ◎

刘腾龙，1991年生，河南驻马店人。

刘腾龙2013年进一得阁墨汁厂，在独义包装车间，拧瓶盖子，装盒子。

2014年刘腾龙在房山独义分厂的时候也干过吹胶岗位，师傅是张永林，吹胶特别苦，夏天40摄氏度以上的温度。2015年9月25日墨汁生产厂从独义搬到长阳，刘腾龙继续做吹胶工作。2016年4月开始学习压制墨，师傅为尹志强。刘腾龙对一得阁制墨流程基本都了解。

（四）研制、检测、试墨工序传承

田淑卿，1981年生，河南周口人。2004年大学毕业，专业是化学与

◎ 何平 ◎

环境工程专业，毕业后入河南焦作中国铝业中州分公司。2016年3月进入一得阁墨汁厂，拜师何平。

田淑卿主要负责对进厂原材料的检验、每日产品质量的检验、新产品的研发。研发新款墨汁也是有瓶颈的，在某一个点是可能会有技术关口。一款新墨汁要经过上千次的试验、分析、调整才能完成。田淑卿还负责非遗相关工作、企业的安全环保和职业健康的管理工作、公司日常档案整理工作等。

王建鑫，1992年生，河北张家口赤城县人。

2015年12月14日，在衡水学院上学的王建鑫到一得阁墨汁厂实习。2016年6月，他本科应用化学专业毕业，应聘进入一得阁墨汁厂。

王建鑫的师傅是曾经在压颜料岗位，后来任技术部主任的何平。一得阁墨汁的制作是固定在某一个品类和参数上，比如胶，有动物的，也有化学的，一得阁使用动物骨胶。王建鑫所学的化学专业是一个广泛的

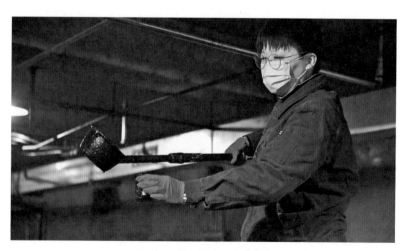

◎ 田淑卿取墨进行化验 ◎

化学领域，而具体到一得阁墨汁，是他在学习时没有接触过的，初始他弄不懂骨胶和具体的参数，何平师傅传授他如何进行指标化验。他也逐渐把所学的理论，转换为一得阁墨汁制作的基本操作和经验。

金墨是一得阁墨汁厂近几年研制投入生产的，王建鑫在何平师傅的带领下投入金墨的研制开发，2018年开始，他根据何平师傅所提供的一些资料和自己收集的相关文献，经过几位技术人员一年的研制获得成功，成功于2018年年底上市。研制金墨的主要技术问题是其沉淀特别快，而墨需要一定时间的悬浮；同时，金墨也需要耐候性好。

在技术部岗位的王建鑫，负责出研制方案和流程，他很自豪能进入有100多年传统的产品行业的龙头单位一得阁墨汁厂工作，他一直在挑战难点，平时也在不断学习相关科研知识。

◎ 田淑卿将墨汁倒入试管 ◎

◎ 王建鑫（右）与技术人员
卞国峰（左）◎

（五）包装工序传承

目前长阳分厂墨汁包装组一共16人。包装工序中的灌装已经半机械化了。耿荣和回忆说，以前灌装墨汁，是用一根塑料管，灌满瓶子后，

北京一得阁墨汁

◎ 墨汁灌装 ◎

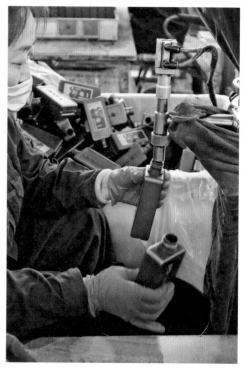

◎ 吴军平灌装墨汁 ◎

◎ 贴商标，聂红利（右）◎

◎ 灌装车间生产线 ◎

◎ 灌装商标 ◎

用一个夹子夹住管子起到截流作用。现在包装也做了很大的改进，加上了微信二维码，通过手机扫码，起到鉴别真伪的作用。

二、一得阁拜师仪式

中国人非常讲究仪式感，很多文化的传承与仪式相关。从远古的祭天、祈雨，到延续至今的春节、清明节、端午节、七夕节等诸多民间仪式，延续着我国人民对于仪式的心理遵从和对于仪式所承载内容的文化认同。

清末至民国，一得阁崇祖拜师，保留着相应的仪式，设龛膜拜。龛上所供奉的牌位有三个人，均为我国古代的制墨先祖：

第一位是宋代苏东坡。苏东坡在中国人的文化视野里是古代诗作大家，他写有《墨花》一诗：

> 造物本无物，忽然非所难。花心起墨晕，春色散毫端。
>
> 缥缈形才具，扶疏态自完。莲风尽倾倒，杏雨半披残。
>
> 独有狂居士，求为黑牡丹。兼书平子赋，归向雪堂看。

苏东坡的书法，在历史上也有一定的地位。苏轼的书法自成一格，跟黄庭坚、米芾、蔡襄并称为"宋四家"，居于"宋四家"之首。

何薳《春渚纪闻》卷八·杂书琴事之南海松煤一章记载："近世士人游戏翰墨，因其资地高韵，刱意出奇，如晋韦仲将、宋张永所制看，故自不少。然不皆手制，加减指授善工而为之耳。如东坡先生在儋耳，令潘衡所造，铭曰'海南松煤，东坡法墨'者是也。其法或云每笏用金花烟脂数饼，故墨色艳发，胜用丹砂也。"传说，苏东坡是利用儋耳山（今松林岭）上长的松树上的松脂加上牛皮胶等物混合制墨的。苏东坡父子还因为制墨引燃了柴房，苏东坡竟然从火堆残灰里收集了几百颗的油烟，混合牛皮胶做成墨条。此记录于苏轼本集《杂记》："海南多松，己卯（北宋元符二年即1099年）腊月二十三日，墨灶火发，几焚屋，遂罢。作墨，得佳墨大小五百丸，余松明一车仍以照夜。"苏东坡所制之墨成为北宋名墨。

在苏东坡的《书所造油烟墨》中写道："凡烟皆黑，何独油烟为墨则白，盖松烟取远，油烟取近，故为焰所灼而白耳，予近取油烟，才积便扫，以为墨皆黑，殆过于松煤，但调不得法，不为佳墨，然则非烟之罪也。"

"由于宋太祖对文化的重视，文人生活安逸，引起了他们对墨等文房工具的关注。文人不仅希望能有质量上乘的墨，对墨的外观也要求精美，逐渐将它艺术化。苏轼是北宋著名的文学家、诗人、书画家，在用墨上也非常讲究。他也进行了一些收藏、制作的研究，也形成了一些关于墨的理论。"[1]苏东坡对墨的认识是："世人论墨，多贵其黑，而不取其光。光而不黑，固为弃物。若黑而不光，索然无神采，亦复无用，要使其光清而不浮，湛湛如小儿目睛，乃为佳也。"[2]他在《书冯当世墨》说："人常惜墨不磨，终当为墨所磨。"

苏东坡的《次韵答舒教授观余所藏墨》中有句："……世间有癖念谁无，倾身障簏尤堪鄙。人生当著几纲屐，定心肯为微物起。此墨足支三十年，但恐风霜侵发齿。非人磨墨墨磨人，瓶应未罄罍先耻。逝将振衣归故国，数亩荒园自锄理。……"脍炙人口，也成为很多书法家书写之诗。2021年，国家一级美术师、中国书法家协会理事、西泠印社理事、中国书协篆书委员会副主任、中国文联书法艺术中心副主任兼书法

◎ 高庆春书写苏东坡诗句"非人磨墨墨磨人" ◎

北京一得阁墨汁

培训中心主任高庆春莅临一得阁工厂参观指导，勉励传承人继续努力，为社会大众供应好健康安全的优质产品，为书画艺术的传承与发展多做贡献，便写下苏轼的"非人磨墨墨磨人"之句。

第二位是宋代晁季一。其所著墨书收入《四库全书子部谱录类——墨经》。

第三位是明代沈继孙。

明代的沈继孙（字学翁），明洪武时人，谢崧岱制墨方法一些是借鉴沈继孙之法，谢崧岱说沈继孙："……撰《墨法集要》一卷，二十一图各有说，为造墨家空前绝后之书。"光绪二十一年（1895年）谢崧岱重刊了明代沈学翁所著的《墨法集要》，重刊序由供职于清代朝廷的洪良品在同年春三月撰写，在序中洪良品对谢崧岱的善举给予赞誉："墨法集要一书，明沈继孙之作也，四库提要称其叙次有条理，且于实用，顾其所制今不传，湘南谢祐生典籍读而善制，覃精洞思智创巧述，其于墨也不主块而主汁，不以砚而以盒，此皆发前人之所未有，一时操觚家莫不沾丐乎，是窃当诧为奇法，而谢子曰吾何奇哉，吾亦惟集要之是法而已法，有时穷吾亦惟法其法外之意而已，夫其烧烟和胶诸法继孙言之详且备矣，犹必待杵捣印脱，而后成若径于合剂时调而习之，则其工省而其力亦愈劲之，所谓深其色艳，其光湛湛如小儿目睛者无二法也然继孙自言受教于三衢之墨师。"序中洪良品也谈及谢崧岱说过研制墨汁是"启悟于饶、刘二友"，但是饶、刘二友陷于沈继孙的书中技法不能变通，而谢崧岱在沈继孙的技法上进行了研究与变通，得以成功，难能可贵的是谢崧岱还将自己的成果公之于世，这得到了洪良品等知名人士的赞誉，洪良品道："谢子真能得师者哉，谢子不欲自私其师又将刊继孙书以公诸世俾世之为墨者知所师法焉，凡事固有习诸耳目之前人皆忽之及一经探索而神明变化之用，即由此生意彼墨其微且小焉者也。"序中既赞誉了谢崧岱的智慧，也谈及所制墨为奇法，前人未有，更是表彰了谢崧岱不贪个人之功的品德。

古人早期制墨，部分自用，部分自卖。谢崧岱也是如此，他学明代沈学翁制墨和卖墨之举。《云林集》收录有《赠沈生卖墨诗》，记录了沈学翁制墨技艺："沈学翁隐居吴市，烧墨以自给，所谓不汲汲于富贵，不戚戚于贫贱者也。烟细而胶清，墨若点漆，近世不易得矣，因赋赠焉。"

谢崧岱制墨技艺，也是借鉴了《墨法集要》的"三须"："一须烟醇，二须胶好而减用，三须万杵不厌，橐栝无遗，万不能出其范围矣。"这在谢崧岱甲申（1884年）五月所撰的《南学制墨札记》中也做了备述，此法对他将墨块改为墨汁有极大的启发，只是谢崧岱在沈继孙的技法基础上制墨汁时加入了酒，他说："由块改汁，势使然也，然除用酒外，无一不出于《集要》，犹是熏烟，犹是和胶，岂仅一改汁遂得谓出其范围耶，岂精如沈君犹不知与时消息变块为汁耶？无是理也，得力之原不敢忘也。"

一得阁墨汁第三代传承人张英勤生前介绍，以上三位制墨先人，在逢年过节之时，一得阁墨汁第一代传承人谢崧岱和第二代传承人徐洁滨都会亲自率众上香敬供，收徒拜师的时候也要先拜三位先人，再拜掌柜。谢崧岱在其著述中说自己是自苏东坡那里得到取烟方法，从晁季一那里得到和胶的启发，称沈继孙编的《墨法集要》是"集墨家大成，为造墨家空前绝后之书"。谢崧岱集三位先人之大成研制墨汁成功。近些年，一得阁恢复了拜师仪式，仪式上，要宣誓，要给师傅鞠躬等。

2016年10月28日，在律师的见证下，尹志强、何平、张永林三位墨汁制作大师收徒仪式隆重举行。北京一得阁墨业有限责任公司请第三代传承人90岁高龄的张英勤老厂长亲临现场。

在中国文房四宝协会领导、律师和众多嘉宾的见证下，接受徒弟的庄严宣誓："我是新一代一得阁人，一得阁接力棒传到了我的手中，我向师傅和前辈宣誓：我将成为一得阁优秀技艺传人，作为自己人生追求的终极目标。不辱使命，努力担当起这份神圣的历史责任。尊重师傅，把学习技艺和完善人格统一于学徒始终。刻苦钻研，承袭重一求得的扎实作风和价值取向，忠于职守，愿为弘扬一得阁品牌精神奉献和牺牲。绝不背叛，永不外传一得阁制墨技艺。如有违反甘愿受到任何形式的谴责和惩罚。"多家媒体报道了一得阁这一独特的培养技术骨干的做法。

◎ 张英勤参加一得阁墨汁厂拜师仪式 ◎

◎ 一得阁拜师仪式。尹志强（右三）收魏光耀、汪小林、高俊杰等为徒 ◎

◎ 尹志强收徒 ◎

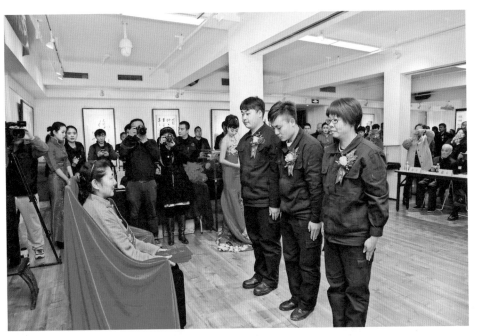

◎ 一得阁拜师仪式。何平收田淑卿、王建鑫等为徒 ◎

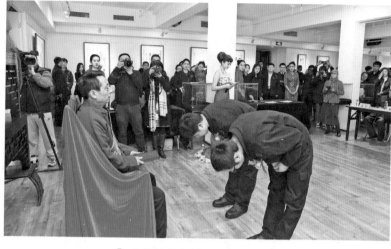

◎ 吹胶技艺师傅张永林收徒 ◎

北京一得阁墨业有限责任公司，倡导工匠精神，将已退休的老师傅们请回生产第一线，从配料、调试、熔胶、压制多个工序严格把关，传承古法，提升质量，研制新产品。同时从员工中选拔12名年轻人拜师。在拜师仪式上，还推出了一得阁第四代传承人研制出的高端墨汁和练习墨。

拜师仪式上，师傅端坐于一得阁创始人谢崧岱先生亲手书写的"一得阁"牌匾前，拜师仪式包括递交拜师帖、行礼、师傅回帖、见证律师

◎ 拜师仪式宣誓 ◎

◎ 拜师仪式合影 ◎

签字、宣誓、签订保密书、徒弟代表发言等传统拜师环节。

1996年，一得阁墨汁配方和制作技艺、一得阁特制八宝印泥被北京市科委核准为国家秘密技术项目。自此，一得阁在选徒收徒中要求徒弟要具备德行端正、严格自律、勇于探索等综合素质，并与公司签订保密协议，保障配方和制作技艺的安全。

一得阁墨汁从店到厂，不管是有没有拜师仪式，一代代手工艺人都是恪守墨业规矩的，否则不会延续至今。

第二节

重企业文化，拓广泛市场

一得阁以多种形式树立企业精神，培育企业文化，开展丰富多彩的技术比赛和文化娱乐活动，中华人民共和国成立初期，企业有定期的技术考核活动，改革开放后，又制定了完整的企业规章制度，并以征文、演讲等方式回顾历史，激励后人。

◎ 魏光耀缅怀老厂长演讲 ◎

一、注重企业文化，培养企业新人

近年来，在市场经济竞争激励，企业员工流动性大的情况下，浮躁之风也影响到一得阁企业内部，为此，一得阁采取多种形式对新老员工进行传统教育，其中包括讲座、培训、征文等，鼓励职工书写文稿、上台演讲、收集整理厂史。职工田淑卿在她的《缅怀老厂长》演讲稿中写道："2017年8月25日，一得阁第三代传人，为一得阁付出一生的张英勤老厂长永远离开了我们，带着对一得阁的眷恋与不舍，带着对儿女的疼爱与怜惜，永远离开了我们。作为一名父亲，他，留给子女的是两袖清风，言传身教；作为一名师傅，他教给徒弟的是兢兢业业，鞠躬尽痒；身为一得阁的第三代传人，他留给一得阁的是万古长青，永垂不朽的奉献与执着。"

田淑卿的演讲，激励着在场的一得阁新职工，让后人牢记老一辈一得阁人的精神品德："80年代，在接班盛行的年代，老厂长的三个子女却无一人进厂，至今还有两个孩子留在农村务农，在北京工作四十余年，家属却从没来过北京，他用自己的言传身教，教给子女两袖清风，老厂长一生廉洁，以厂为家，吃住在一得阁，不吸烟，不喝酒，不起火，从来不陪吃饭，这又是怎样的一种自律，用自己的言行，诠释了对企业的忠诚，作为企业带头人，他用自己的行动给员工树立了无声的榜样。"

一得阁墨汁厂，在全厂职工中广泛宣传老厂长张英勤的事迹，厂工会呼吁来自全国各地的新职工以老厂长为榜样。工会主席魏光耀在讲课中对年轻职工说："我们身在一得阁，就不能忘记一得阁的企业精神，要以老厂长为榜样，他14岁离开家乡，来到一得阁，从最小的学徒开始了他为之奋斗一生的事业，作为国有企业，一得阁无疑是渺小的，但是一得阁所历经的沧桑和磨难却不是一般企业可以同日而语的，在老厂长从业的43年里，担任了30多年的书记和厂长，多少次一得阁面临着被合并、迁出的危险：70年代，一得阁工人工资低，企业留不住人，为了发展需要，北京市二轻局、市政府将一得阁与北京市唱片厂合并，成立北京文化用品厂，老厂长抓住机遇，将工人工资由原来的32块钱提高到41块钱，上涨了三分之一，随后又巧妙借势，重新恢复了一得阁企业称号；80年代，面对北京市退二进三的发展战略，一得阁必须搬离市中心生产，上级领导要求一得阁与北京市牙刷厂合并，生产迁出，琉璃厂大楼全部搞商业，老厂长当时却说，一得阁的发源地在琉璃厂，离开了琉璃厂，一得阁就没有生命力了，为了一得阁的发展，为了坚守住我们的生产阵地，老厂长提出了前店后厂的发展战略，使一得阁又一次躲过了危机。老厂长用他的聪明和智慧顶住一次又一次压力，经受了一次又一次的考验，使企业化险为夷，面对企业生死存亡的关键时刻，凭借着一身正气和铮铮铁骨，保存了我们这个金字招牌和百年的发展阵地；做到了文化的不断流，不泯灭，不消亡，兑现了一得阁创立之初的百年承诺。"

一得阁总公司更是用变迁的历史发展鼓励职工爱厂敬业、勤俭护厂，田淑卿对新来的大学生们说："从解放前到公私合营再到改革开放后的发展，一得阁经历了数次变迁；为了建成如今的一得阁办公大楼，他四处跑资金，没有劳力、已过不惑之年的他，带领公司的年轻小伙，搞生产的同时，搬砖、和泥，泥水伴着汗水，一砖一瓦堆砌起来，真正的改变了墨汁厂的面貌，从此在琉璃厂这条百年老街上，有了同荣宝斋、中国书店一样，并驾齐名的百年老字号——一得阁，为一得阁的稳定发展奠定了坚实的基础，老厂长功不可没。2016年年底，老厂长病倒了，孤身一人在地上躺了20多个小时。其实，年初王总和耿董事长去探望他老人家的时候，曾经提出为他请个保姆，老厂长拒绝了，大家心里都明白，他是不愿给别人添麻烦，可是当他在病床上，醒来说的第一句话却是让孩子给王总打电话，询问是否还有需要他做的事情。当王总来

◎ 一得阁内部刊之一 ◎

◎ 1964年8月20日《北京日报》◎

◎ 张英勤（左）与正在试墨书写的魏长青 ◎

到老厂长的病床前，老厂长拉着王总的手，噙着泪花：'这次我恐怕挺不过去了，看到你们现在我放心了，如果有需要我做的你们尽快想想，趁着我还清醒……'90多岁的老人，时而清醒时而昏迷的他，醒来的第一件事仍是想再为一得阁尽一份心，出一份力。临终前，老厂长对子女说："你们不要担心，墨汁厂不会不管他的。"这是怎样的一种情怀，一得阁是他的孩子，每一位员工他都视如己出，他对孩子的爱是真诚的，更是全心全意的，子女为父亲尽孝，天经地义。如果说老厂长为一得阁倾注了一生，注入了一辈子的心血，那么老厂长不辱使命，担当起这份荣耀，无愧一得阁。"

20世纪80年代一得阁办起了企业内刊，成为干部职工交流情感、提升品牌效应的阵地。在企业文化培育和品牌宣传上，一得阁各个阶段的经营人都十分重视，注重媒体传播，记载不同历史阶段的企业信息，弘扬中华传统文化。

一得阁注重与在京的文人墨客交流，1986年、1990年、1995年、2005

年、2010年一得阁先后多次举行试墨笔会。一得阁邀请到了多位革命前辈和著名书画家出席试墨会。一得阁收藏的张张"墨宝"行云流水、刚劲有力。件件"丹青"栩栩如生。令人惊叹。书画家们的深厚造诣与一得阁优质墨汁结合而产生的水墨丹青艺术，为中华民族文化做出了不可磨灭的贡献。一得阁的一段段历史，一片片记忆，一个个故事构成了它丰

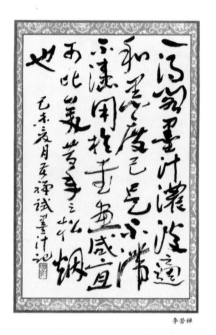

◎ 李苦禅书法 ◎

◎ 李苦禅画作 ◎

◎ 使用者来信 ◎

富的文化底蕴，给我们留下了宝贵的文化遗产。墨是中华的国之瑰宝，一得阁就是这国宝中的名片。一得阁的传统文化和驰名品牌必将与我们的中华文化和民族精神一样，代代相传、发扬光大。

二、严守品牌质量，赢得广泛赞誉

马静荣先生说："我们是对社会负责、对用墨的大众负责。孩子们现在用墨的很多，学校还有社会上的各种书法班，我们生产墨的质量，要保证孩子们的健康。夏天热，打开墨汁闻，里面有冰片，可以醒脑明目，以前曾用一得阁墨汁治疗三腺炎等。中药材都是食品级的，有的用的是工业级的，我们进料是和同仁堂一个厂家，在原材料上把控。市场上物价一直在涨，我们每次涨几毛钱，品种都是传统的，一点不打折扣。不会用廉价的东西，虽然我们的包装很简单，但性价比高，为了真材实料用到好东西。我们针对不同的人群，研制不同的成品，画家、书法家、普通群体的练习墨，行书、草书、隶书用墨都不一样。"

（一）一得阁墨汁远销国外成为北京文化的象征之一

一得阁墨汁不仅在国内被广泛使用，也在日本、美国、加拿大等地有使用群

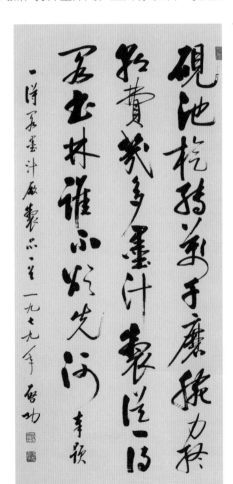

◎ 著名书法家启功先生试墨赞誉
一得阁墨汁 ◎

体，既有华人、华侨，也有外籍人士。

（二）受到广泛的社会赞誉

一得阁从产品生产上不断细化，以适应不同群体需求。一得阁墨汁的社会传播方式多样，不仅用于学校、社区、企事业单位进行中华传统文化的普及，而且也被许多国家领导人用于国外文化交流。

（三）一得阁墨汁是书法家和书法爱好者首选的产品

一得阁产品是书画家和书画爱好者的首选产品，专业书法家、画家多用"云头艳"。由于一得阁的品牌效应，一得阁生产金墨后，也被作为首选文化用品，有着极好的社会口碑。除了一得阁墨汁和金墨外，一些存有一得阁墨块的创作者，在不同材质的作品上也进行运用。

山东著名书画家张传森先生，不但用一得阁墨汁写书法，还用一得阁墨汁创作绘画作品，他创作的鲤鱼画作享誉全国，他用墨汁与其他颜料巧妙配合，一笔画出的鲤鱼灵动鲜活，他说："我这一辈子，只用一得阁。"

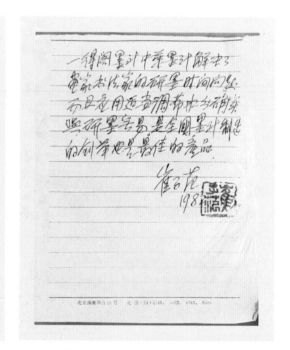

◎ 博古斋高度赞誉一得阁 ◎ 　　　　◎ 1982年崔子范赞誉一得阁 ◎

◎ 山东书画家张传森 ◎

◎ 张传森使用一得阁云头艳和金墨书写 ◎

甘肃天水书法爱好者魏三柱，习书法三四年了，一直使用一得阁产品，他说现在网络购物很方便，为使用一得阁产品提供了方便，以前是托人在北京往甘肃天水带，现在网上下单就行，他本人及其周围的朋友、学生们都用一得阁产品。

◎ 甘肃天水魏三柱练习书法 ◎　　　　　　◎ 北京刘一正书法 ◎

北京刘一正先生是研究传统饮食的，出版过多本书籍，同时他也写书法，他说中国悠久的饮食文化和墨文化都是现代人要好好研究和传承的，他在书写和绘画时，会使用不同品种的一得阁墨汁。刘一正先生还经常与我国著名歌唱家胡松华先生互相切磋，他们都酷爱中国书法，使用一得阁墨汁。

陈绪森是北京市石景山区书法协会会长，他说协会的会员基本都使用一得阁墨汁，这是老北京的老品牌，信得过。

◎ 2021年6月，90岁高龄的胡松华先生在刘一正先生家用一得阁
墨汁书写（刘一正提供）◎

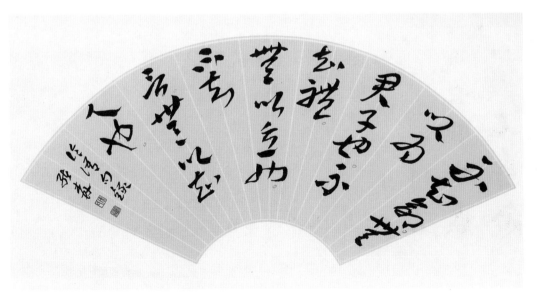

◎ 陈绪森作品 ◎

◎ 北京刁继桦使用一得阁云头艳墨汁书写作品 ◎

◎ 屈丽雕刻一得阁搅拌工艺图，使用一得阁墨汁着色 ◎

◎ 河北邢台王刚用一得阁墨汁书写《陋室铭》◎

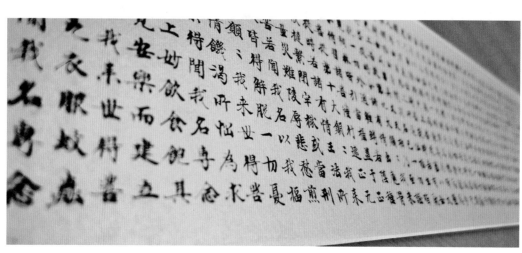

◎ 北京郑光宇使用一得阁墨汁书写作品 ◎

劍外忽傳收薊北初聞涕淚滿衣裳

妻子愁何在漫卷詩書喜欲狂白日放歌

須縱酒青春作伴好還鄉即從巴峽穿巫

峽便下襄陽向洛陽

杜甫日聞官軍收河南河北一首

庚寅冬孟冬含觀齋主人徐墨輝出

◎ 徐景輝使用一得閣
金墨書寫作品 ◎

得法多自古人書

辛丑正月張秉文

一藝足供天下用

錄清時一得閣聯語

◎ 張秉文用一得閣金墨書寫一得閣對聯 ◎

北京一得阁墨汁

◎ 刘宣明画作 ◎

◎ 孙立鹏书法对联（有若传道，子莫执中）中
间文字是用一得阁金墨书写的篆书（散氏盘）◎

一得阁墨汁也是拓印者首选产品。北京石景山区区级非物质文化遗产传拓传承人庞献坡，近30年间一直使用一得阁墨汁进行传拓，他将北京京西海淀、石景山、门头沟等地的石刻进行传拓保存，他说，拓印不同种类的拓品需使用不同产品的墨汁。

北京青年传拓人张利伟，是古币收藏家，他在古币拓印时使用一得阁产品，他说有相当的一批人用一得阁墨汁传拓。

近些年出现的葫芦雕刻热，让一得阁墨汁有了新的市场，成为葫芦

◎ 庞献坡拓印金台夕照 ◎

◎ 一得阁墨块《金台夕照》◎

雕刻后着色的首选产品。

辽宁大连的于文忠微雕针刻葫芦作品，是目前全国针刻古代山水画的翘楚，他以在葫芦上针刻宋元山水画为主，针刻后染墨使用一得阁产品。

河北石家庄年轻的葫芦雕刻家李松，在葫芦雕刻后，以一得阁产品进行染

◎ 张利伟古币拓片 ◎

色，其家族中叔叔、父亲、爱人都使用一得阁墨汁。

河北沧州李卫国微雕针刻葫芦作品，是目前我国微雕葫芦作品技艺人中的佼佼者，所微雕的图像栩栩如生，无论人物、动物都非常生动，他多年也使用一得阁墨汁。

此外，北京的杨金凤所雕刻的藏文《心经》，使用一得阁墨汁着色，目前该作品被收藏于云南迪庆藏族自治州噶丹·松赞林寺。北京石

◎ 辽宁大连于文忠用一得阁墨汁给针刻葫芦着色（吴建华摄）◎

◎ 于文忠针刻宋代山水（吴建华摄）◎

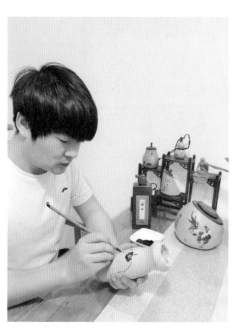

◎ 河北石家庄李松用一得阁墨汁为作品着色 ◎

◎ 李卫国针刻《八仙》（黄文庆摄）◎

◎ 辽宁大连于文忠针刻宋代山水画，用一得阁黄山松墨块上色
（吴建华摄）◎

◎ 藏文《心经》杨金凤刀
刻，着一得阁云头艳 ◎

◎ 北京靳建民手工雕刻模具，范制匏器《水丞》
（杨立泉摄）◎

◎ 北京靳建民范制冰裂纹乳钉炉
水盂（毕鉴摄）◎

景山区民间文艺家协会会员屈丽，刀刻葫芦作品一得阁工艺《搅拌》，并选用一得阁墨汁着色。

　　一得阁墨汁品牌效应，也得到其他北京市非物质文化遗产项目的关

◎ 北京靳建民范制的缠枝莲纹饰匏器印泥盒 ◎

◎ 北京靳建民手工刻模范制匏器墨桶，丁知度书法
作品（毕鉴摄）◎

◎ 北京靳建民手工刻范制匏器绣墩墨桶
（赵永明摄）◎

注，北京市非物质文化遗产代表性项目葫芦范制技艺传承人靳建民范制
一得阁墨汁容器。

　　除了一得阁的墨在民间被广泛使用，一得阁的墨锭还被众多藏家收
藏，成为切磋交流北京文化和我国墨文化的重要历史文化见证。如京西
的墨锭沙龙，不仅在京城内广结墨缘，还与全国各地的墨友一起举办鉴
赏、评价活动。

　　一得阁的墨广受赞誉，是北京文房四宝产品的重要内容之一，赢得
国内外消费者赞誉，不仅仅是百余年的品牌效应，也是中华文化的精华
之一，是老北京的文化精神和文化象征。也是一百多年来一代代一得阁
人恪守一得阁精神，传续一得阁制墨技法的不懈坚持，他们为我国优秀
传统文化做出了卓越的贡献。

◎ 京西藏墨沙龙（左起：门学文、刁继玉、魏鹏程）◎

◎ 刁继玉收藏墨品 ◎　　　　　◎ 刁继玉藏墨 ◎

三、加强维权打假，保护知识产权

对于维权打假，一得阁一直在研究应对方法，并与北京老字号协会一起商讨、研究。2021年，北京老字号协会会长陈文、副会长兼秘书长孙月婷、信息部张舒来到北京一得阁调研指导工作。北京一得阁墨业有限责任公司总经理马静荣向老字号协会来调研工作表示感谢并介绍了一得阁的基本情况；白冰副总经理汇报了市场销售、打击假货的工作进展；一得阁支部书记厂长魏光耀汇报了产品生产情况、老字号传承人的学习和队伍建设工作情况；一得阁美术馆馆长马婷婷介绍了美术作品及营运情况。陈文会长对一得阁线上销售、维权打假情况的汇报，特别是一得阁传承人工匠大师的申报，及东琉璃厂墨汁店改建博物馆的申报均给予明确的指示，调研工作非常成功，参加活动的领导还有一得阁副总经理仁香茹、办公室主任戴晓曼、线上部经理王银博、线下部经理顾华龙等。

魏光耀说："一得阁是古胶墨，市场好。我们化验员每天到墨池取墨回来试墨，做墨得懂墨，加水比例层次感都要能看出来。不论是专业的书画家，还是普通的民众，都希望用好墨，墨的好坏对身体健康是有影响的。用假墨，那些化学成分的东西对呼吸、眼睛都有伤害，我们

◎ 侯宝林书法 ◎

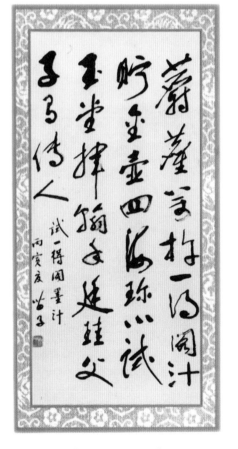

◎ 黄苗子书法 ◎

为了防伪，增加了微信二维码识别，也进行着识别真假墨办法的普及，真墨有浓度，颜色流畅亮丽。假墨发灰，里面有渣子，有的不良商家甚至摆着真墨，卖假墨，所以扫二维码辨别真伪还是有用处的。假墨制作成本很低，利润高。我们也在品种和盛墨的器物上做尝试，如葫芦瓶的墨，瓶子及原材料成本比较高，是特别定制烧造的，取的是葫芦的福禄谐音。多的人认知，包括偏远地区，曾经有位西藏的小女孩，捡到一得阁墨汁盒子的包装，她让家人跟厂里联系要找老师学书法。"

注　释

[1]　赵可君：《苏轼与墨》，《艺术中国》2013年第3期，第120页。
[2]　[宋]苏轼：《苏轼文集》卷七十，《书怀民所遗墨》，第2227页。

第 五 章

一得阁产品欣赏

一、高档墨

◎ 《吉福墨》 ◎

◎ 上品云头艳 ◎

◎ 鼠年纪念墨汁 ◎

◎ 一得阁老墨汁 ◎

◎ 一得阁特制浓墨珍品 ◎

◎ 一得阁道墨 ◎

◎ 一得阁特制浓墨精品 ◎

◎ 国画专用墨 ◎

◎ 书法专用墨 ◎

◎ 一得阁禅墨 ◎

二、中档墨

◎ 一得阁高级墨汁 ◎

◎ 精制中华 ◎

◎ 一得阁高级浓墨 ◎

◎ 一得阁中华墨汁 ◎

◎ 高级童墨 ◎

三、普及墨

◎ 书画墨汁 ◎

◎ 北京墨汁 ◎

◎ 学生专用墨 ◎

◎ 培训机构专用墨 ◎

四、其他

◎ 金墨 ◎　　　　　◎ 银墨 ◎　　　　　◎ 朱墨 ◎

◎ 一得阁墨锭（彩墨）◎

◎ 一得阁八宝印泥 ◎

◎ 一得阁生产的"北京"印泥 ◎

◎ 一得阁生产的"北京牌"印泥 ◎

◎ 一得阁朱油 ◎

◎ 一得阁印盒 ◎

后记

　　这本书，是我所写的十几本非遗类书籍中用时最长、最为曲折的一本，其大量的时间和精力用于追溯历史文化背景和历史人物。如果不对150年来的人和史料进行搜集和考证，按照人云亦云的说法把书完成，是否可以呢？似乎也不成问题，但我习惯了事出有因的思考模式和人物、事件追溯历史文化背景的逻辑分析方法，所以仅书籍资料、网络电子版购买就花费了5000多元，再加上聘请摄影师拍照，一大笔费用已经付出。或许这事儿应该"羞于启齿"，再次说出来，是想表明我为这本书所付出的巨大努力。

　　谢崧岱发明了墨汁，史料搜集当然从谢崧岱入手。但我无从得到任何与谢崧岱相关的确切史料，网上的文章铺天盖地，就连谢崧岱是哪里人，都没有准确的说法。为了准确地勾勒出谢崧岱其人，购买了许多清中晚期和民国的史料，但都没有查阅到任何有用的信息。我开始研究族谱和谢崧岱的著作，并向我认识的和不认识的很多人请教。终于，我捋清了谢崧岱的家族关系，找到了他的墓志铭和所葬地点。为了寻找一得阁开业的具体时间，我前往北京档案馆查询相关资料，而这里很多资料是不开放的。清代的资料需要到中国第一档案馆查询，但需要提前预约，因疫情也是费尽周折，所获资料稀少。为找到谢崧岱在国子监学习和工作期间的线索，我多次打电话给国子监想要前往查询……其中不易，不再一一赘述。

在此，要感谢北京档案馆的王兰顺老师和北京地方志的张田田。感谢一得阁长阳分厂的魏光耀厂长前往徐洁滨后人家进行口述史的记录；感谢一得阁墨汁厂负责非遗传承保护工作的田淑卿老师多方配合，感谢一得阁退休老工人张建民提供的一得阁旧店照片，感谢潇湘晨报记者唐兵兵先生。感谢北京民间文艺家协会史燕明秘书长，本丛书主编石振怀先生，及所有给予本书支持的诸位。感谢北京出版集团为此书辛苦工作的各位编辑。

必须说明，此书虽然写就了，但依然存在一些遗憾。期盼有人能够用上几年时间，潜心、全面地写就一本关于一得阁翔实历史和完整技艺的书籍，以留存历史，告慰先辈，惠及后人。

杨金凤

辛丑年，甲午月于乡艳园